개정판

현직 비만클리닉 영양사의 음식 처방

4 라인 살리는 저칼로리 주 다이어트 식단

개정판

현직 비만클리닉 영양사의 음식 처방

라인 살리는 저칼로리
4주 다이어트 식단

김선영 · 임세희 지음

다봄

3개월에 6kg을 감량하는 즐거움

다이어트 하면 무조건 굶는 것을 떠올리는 사람이 많다. 그러나 절식과 폭식을 거듭하는 다이어트는 일시적인 효과를 가져올 수 있어도 장기적으로 보면 오히려 살을 찌우는 행위라고 말할 수 있다. 왜냐하면 식사량을 급격히 줄였다가 다이어트 후 정상적인 양의 식사하기를 반복하면 더 쉽게 살이 찌기 때문이다. 즉 다이어트 전보다 체지방은 더 저장하고 에너지는 덜 쓰는 몸이 되는 것이다. 실제로 한 대학의 조사에서도 아침 식사를 거른다고 답한 사람은 쌀밥과 반찬 3가지 이상을 아침으로 먹는 이들보다 비만율 13%, 복부비만율 20%, 대사증후군 위험도 20%가 각각 높은 것으로 나타났다. 밥을 안 먹는 다이어트는 이외에도 무기력증에 빠지게 하거나 두통, 근육 처짐, 구토 등의 합병증을 유발하기도 한다. 뇌를 활발히 움직이게 하는 포도당의 공급도 원활치 않아 뇌 기능도 저하된다.

제대로 먹어야 살도 건강하게 뺄 수 있는 것이다. 먹으면서 하는 다이어트가 중요한 이유는 살을 빼는 동안 '허기'를 느끼지 않기 때문이기도 하다. 허기가 지면 우리 몸은 먹은 음식을 최대한 지방으로 저장해 비상 상태에 대비하려고 하고 폭식을 불러 살이 찔 수밖에 없다. 배고픔의 신호를 무시하지 않고 먹되, 너무 과하게 많이 먹지 않는 것이 중요하다. 더불어 가급적 시간을 정해 규칙적으로 먹고 가공식품이 아닌 자연의 재료를 이용한 음식을 천천히 먹는 것이 좋다.

이 책에서 제안하는 식단의 가장 큰 특징은 첫 번째가 하루 1200대 칼로리로 영양의 균형을 우선 고려했다는 것이다. 따라서 다이어트를 하지만 영양은 모자람이 없는 가장 건강한 다이어트를 할 수 있게 했다. 두 번째, 바쁜 시대, 따라 하기 쉬운 음식 위주로 식단을 작성했다. 또, 하나의 식재료지만 조리 방법을 달리해 다양한 맛을 내는 등 장보기에도 경제성을 우선 고려했다.

세 번째, 다이어트를 해야겠다는 의지가 충만한 1주차와 2주차보다 점점 정신력이 약해지는 3주차와 4주차에 더 포만감 있고 맛있는 음식을 배치해 다이어트의 심리적인 부분까지 신경을 썼다.

이 4주의 식단 안에서 빵식과 한식, 일품요리를 모두 맛볼 수 있으며 때로는 부드럽고 때로는 아삭한 다양한 식감을 경험하도록 노력했다. '단조롭지 않은 식감'은 적은 양을 먹더라도 포만감을 느낄 수 있게 하는 한 방법으로 다이어트식에서 매우 중요한 요소이다.

식단을 음식으로 만드는 과정에서는 맛을 희생시키지 않으면서 설탕이나 버터 등 자극적인 감미료의 사용을 최대한 자제했고 하루 3식의 영양 균형을 무엇보다 우선 고려했다. 부디 이 책이 다이어트라는 평생의 목표를 위해 절치부심해 온 많은 사람들에게, 굶고 먹기를 반복하지 않아도 살을 뺄 수 있다는 희망의 속삭임이 되기를 바란다.

2 0 1 6 년 초 여 름

김선영 요리연구가
임세희 금강아산병원 비만클리닉 영양사

C O N T E N T S

1주차 다이어트 식단

2주차 다이어트 식단

3주차 다이어트 식단

4주차 다이어트 식단

4주 다이어트 한 상 차림 미리 보기

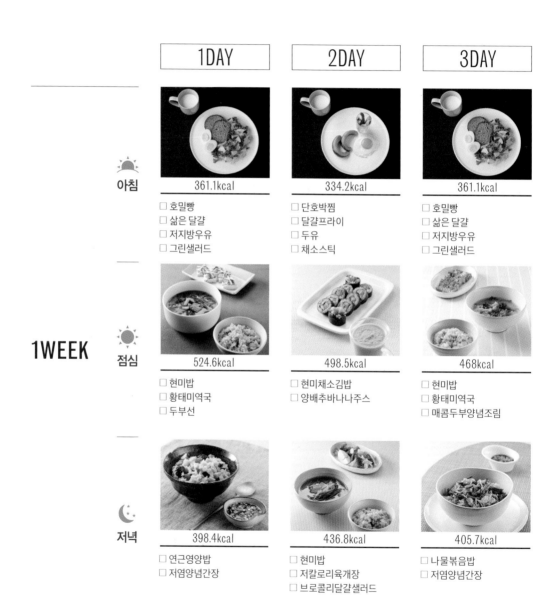

	1DAY	2DAY	3DAY
아침	361.1kcal □ 호밀빵 □ 삶은 달걀 □ 저지방우유 □ 그린샐러드	334.2kcal □ 단호박찜 □ 달걀프라이 □ 두유 □ 채소스틱	361.1kcal □ 호밀빵 □ 삶은 달걀 □ 저지방우유 □ 그린샐러드
점심 (1WEEK)	524.6kcal □ 현미밥 □ 황태미역국 □ 두부선	498.5kcal □ 현미채소김밥 □ 양배추바나나주스	468kcal □ 현미밥 □ 황태미역국 □ 매콤두부양념조림
저녁	398.4kcal □ 연근영양밥 □ 저염양념간장	436.8kcal □ 현미밥 □ 저칼로리육개장 □ 브로콜리달걀샐러드	405.7kcal □ 나물볶음밥 □ 저염양념간장
	1284.1kcal	**1269.5kcal**	**1234.8kcal**

| 4DAY | 5DAY | 6DAY | 7DAY |

| 334.2kcal | 361.1kcal | 334.2kcal | 361.1kcal |

4DAY
☐ 단호박찜
☐ 달걀프라이
☐ 두유
☐ 채소스틱

5DAY
☐ 호밀빵
☐ 삶은 달걀
☐ 저지방우유
☐ 그린샐러드

6DAY
☐ 단호박찜
☐ 달걀프라이
☐ 두유
☐ 채소스틱

7DAY
☐ 호밀빵
☐ 삶은 달걀
☐ 저지방우유
☐ 그린샐러드

| 427.1kcal | 471.8kcal | 498.5kcal | 464kcal |

☐ 산채비빔밥
☐ 저염비빔고추장

☐ 현미밥
☐ 황태미역국
☐ 백태콩조림

☐ 현미채소김밥
☐ 양배추바나나주스

☐ 현미밥
☐ 황태미역국
☐ 두부김치

| 439.2kcal | 400.2kcal | 439.5kcal | 439.2kcal |

☐ 잔치국수
☐ 사과생채무침

☐ 연근샐러드
☐ 두부구이와 간장
☐ 사과

☐ 현미밥
☐ 콩비지김칫국
☐ 양배추찜

☐ 잔치국수
☐ 사과생채무침

| 1200.5kcal | 1233.1kcal | 1272.2kcal | 1264.3kcal |

	1DAY	2DAY	3DAY

2WEEK

 아침

397.3kcal

☐ 호밀토스트
☐ 스크램블에그
☐ 저지방우유
☐ 토마토치커리샐러드

396.5kcal

☐ 삶은 감자
☐ 오렌지치킨샐러드
☐ 저지방우유

397.3kcal

☐ 호밀토스트
☐ 스크램블에그
☐ 저지방우유
☐ 토마토치커리샐러드

 점심

379.8kcal

☐ 굴무밥
☐ 저염양념간장

427.4kcal

☐ 토마토스파게티
☐ 채소피클

486.6kcal

☐ 현미주먹밥
☐ 두부스테이크

 저녁

504.5kcal

☐ 현미땅콩죽
☐ 닭고기채소전

450kcal

☐ 현미밥
☐ 돌나물달걀말이
☐ 오이무침

379.8kcal

☐ 굴무밥
☐ 저염양념간장

1281.6kcal　　　**1273.9kcal**　　　**1263.7kcal**

4DAY	5DAY	6DAY	7DAY

396.5kcal

☐ 삶은 감자
☐ 오렌지치킨샐러드
☐ 저지방우유

397.3kcal

☐ 호밀토스트
☐ 스크램블에그
☐ 저지방우유
☐ 토마토치커리샐러드

396.5kcal

☐ 삶은 감자
☐ 오렌지치킨샐러드
☐ 저지방우유

397.3kcal

☐ 호밀토스트
☐ 스크램블에그
☐ 저지방우유
☐ 토마토치커리샐러드

373.7kcal

☐ 콩나물밥
☐ 저염양념간장

415.3kcal

☐ 현미토마토리소토
☐ 채소피클

440.2kcal

☐ 닭고기카레라이스
☐ 돌나물유자샐러드

454.3kcal

☐ 현미밥
☐ 콩나물굴국
☐ 두부김치

441kcal

☐ 부추닭가슴살전
☐ 닭가슴살냉채

484.7kcal

☐ 닭가슴살샌드위치
☐ 오렌지주스

375kcal

☐ 현미밥
☐ 토마토달걀볶음

443.7kcal

☐ 닭고기숙주볶음밥
☐ 자몽주스

1211.2kcal	1297.3kcal	1211.7kcal	1295.3kcal

	1DAY	2DAY	3DAY
아침	 394kcal □ 호밀빵 □ 삶은 달걀 □ 저지방우유 □ 유자드레싱샐러드	 353.2kcal □ 삶은 고구마 □ 스페니시오믈렛 □ 채소스틱	 394kcal □ 호밀빵 □ 삶은 달걀 □ 저지방우유 □ 유자드레싱샐러드
점심	 483.9kcal □ 현미밥 □ 쇠고기샤브샤브국 □ 채소피클	 484.3kcal □ 현미밥 □ 견과류멸치볶음 □ 배추버섯말이	 447kcal □ 현미밥 □ 꽁치양념구이 □ 채소피클
저녁	 413.8kcal □ 버섯채소죽 □ 두부다시마말이	 398.7kcal □ 표고버섯영양밥 □ 저염양념간장	 394.9kcal □ 현미밥 □ 배추두부된장국 □ 연두부샐러드
	1291.7kcal	**1236.2kcal**	**1235.9kcal**

3WEEK

4DAY	5DAY	6DAY	7DAY

353.2kcal

□ 삶은 고구마
□ 스페니시오믈렛
□ 채소스틱

394kcal

□ 호밀빵
□ 삶은 달걀
□ 저지방우유
□ 유자드레싱샐러드

353.2kcal

□ 삶은 고구마
□ 스페니시오믈렛
□ 채소스틱

394kcal

□ 호밀빵
□ 삶은 달걀
□ 저지방우유
□ 유자드레싱샐러드

406.5kcal

□ 날치알채소밥
□ 채소피클

451.2kcal

□ 현미밥
□ 날치알달걀찜
□ 상추깻잎겉절이

398.7kcal

□ 표고버섯영양밥
□ 저염양념간장

520.9kcal

□ 현미밥
□ 배추두부된장국
□ 쇠고기채소말이

452.4kcal

□ 버섯채소죽
□ 두부김치

390.5kcal

□ 무순연두부비빔밥
□ 채소피클

481.6kcal

□ 현미밥
□ 버섯불고기
□ 다시마샐러드

377.3kcal

□ 멸치주먹밥
□ 오이부추무침

1212.1kcal	1235.7kcal	1233.5kcal	1292.2kcal

	1DAY	2DAY	3DAY

4WEEK

아침

362.1kcal

☐ 현미마늘토스트
☐ 저지방우유
☐ 오이샐러리샐러드

311.5kcal

☐ 삶은 옥수수
☐ 저지방우유
☐ 리코타치즈샐러드

362.1kcal

☐ 현미마늘토스트
☐ 저지방우유
☐ 오이샐러리샐러드

점심

525.4kcal

☐ 현미밥
☐ 연어양상추쌈
☐ 채소피클

514.7kcal

☐ 현미밥
☐ 연어구이
☐ 율무샐러드

534.6kcal

☐ 현미밥
☐ 콩나물국
☐ 돈육생강장조림

저녁

357.4kcal

☐ 두부밥
☐ 저염양념간장
☐ 브로콜리초회

383.4kcal

☐ 오므라이스
☐ 채소피클

357.4kcal

☐ 두부밥
☐ 저염양념간장
☐ 브로콜리초회

1244.9kcal	1209.6kcal	1254.1kcal

4DAY	5DAY	6DAY	7DAY

311.5kcal	362.1kcal	311.5kcal	362.1kcal
☐ 삶은 옥수수 ☐ 저지방우유 ☐ 리코타치즈샐러드	☐ 현미마늘토스트 ☐ 저지방우유 ☐ 오이샐러리샐러드	☐ 삶은 옥수수 ☐ 저지방우유 ☐ 리코타치즈샐러드	☐ 현미마늘토스트 ☐ 저지방우유 ☐ 오이샐러리샐러드

525.4kcal	519.4kcal	535.5kcal	514.7kcal
☐ 현미밥 ☐ 연어양상추쌈 ☐ 채소피클	☐ 현미밥 ☐ 콩나물국 ☐ 수육과 부추무침	☐ 오이초밥 ☐ 영양두부찜	☐ 현미밥 ☐ 연어구이 ☐ 율무샐러드

375kcal	357.4kcal	375kcal	419.5kcal
☐ 율무닭죽 ☐ 오이부추무침	☐ 두부밥 ☐ 저염양념간장 ☐ 브로콜리초회	☐ 율무닭죽 ☐ 오이부추무침	☐ 치킨스테이크 ☐ 메시포테이토

1211.9kcal	1238.9kcal	1222kcal	1296.3kcal

이 책의 사용설명서

✓ **현직 비만클리닉 영양사와 인기 요리연구가의 맞춤 음식 처방**

병원 비만클리닉 영양사가 작성한 이 책의 다이어트 식단은 채소의 섭취가 부족하고 간식의 섭취가
과도한 비만 환자들의 식사 습관을 고려했다. 따라서 채소의 비중을 보다 강화하고 밀가루의 비중을 줄이는 등
저자의 임상 경험을 최대한 반영했다. 또 '굶지 않아서 포기하지 않는' 다이어트를 목표로 요리연구가가 빵식과
소박한 한식, 일품요리를 골고루 식단에 배치, 건강한 다이어트를 제안한다.
각 영양소가 고루 담긴 주별 2가지 스타일의 아침식사와 1~2가지 반찬을 기본으로 하는 식단을 보면 굶어야만
살을 뺄 수 있다는 다이어트에 대한 고정관념에서 자유로워질 수 있다. 뿐만 아니라 한꺼번에 많이 먹는
식사 습관을 개선해 다이어트의 영원한 적인 요요현상을 겪지 않을 수 있다. 또 현미밥과 다소 많은 듯한
채소의 빈번한 섭취로 변비 등 신진대사에 관한 고민거리도 해결할 수 있다.

✓ **식단표의 큰 흐름을 파악하는 것이 무엇보다 중요하다**

매 끼니 식단을 달리하는 병원식 다이어트 식단을 보여주는 것이 이 책의 목적은 아니다. 비만클리닉의 전문
영양사가 작성한 다이어트 식단에서 힌트를 얻어 집에서도 실천 가능한 다이어트를 진행해보자는
취지가 더 강하다. 따라서 한식 위주의 소박한 밥상과 아침식사에 충분한 영양을 강조하며 채소를 보통의
기준보다 많이 사용한 이 식단의 특징을 파악했다면 28일간의 식단표를 모두 따라할 필요는 없다.
이 책이 제안하는 다이어트 식단표의 큰 흐름을 참고로 자신이 주도적으로 실행하는 자신만의 식단표를 만든다면
좀 더 자유롭고 창의적인 살 빼기를 해나갈 수 있다.

✓ **하루 칼로리 1200대, 84가지 식단 가운데 맘대로 골라 다이어트를 하는 행복**

이 책이 소개하는 한 달간의 식단표를 잘 살펴본 후 도전해 보고 싶은 음식을 골라 자신만의 식단표를 따로 작성할
수 있다. 4주 모두 하루 열량이 1200대 칼로리로 동일하고 아침, 점심, 저녁의 끼니별 영양 균형도 골고루 맞춰져
있어 어느 식단을 고르더라도 영양의 치우침 없는 자기주도형 식단이 가능하다. 이틀에 한 번이나 사흘에 한 번쯤
자신이 좋아하는 음식을 중복해서 식단에 넣어 조금 더 간단하게, 조금 더 알뜰하게 다이어트에 도전할 수 있다.
제시된 7일의 식단 중 1~2일만을 선택해 일주일 간 반복해서 식단을 진행해도 영양 균형을 해치지 않으면서 좀
더 간단한 다이어트를 할 수 있다. 반드시 매 끼니 다른 것을 먹어야 하는 것은 아니며 자신의 상황에 맞게
간단하게 응용 가능하다는 것이 이 식단의 가장 큰 매력이다.

✓ **두 달, 석 달… 이 식단표로 다이어트 기간을 늘려 진행할 수 있다**

식단표의 큰 흐름이 파악되었고 요일별 혹은 끼니별 식사로 무엇을 먹을지도 선택했다면 이 책에서 제안한 한 달
간의 식단표를 거울삼아 2~3개월간 다이어트의 기간을 늘려 살 빼기를 더 진행할 수 있다. 절식과 폭식으로
무리하게 행하는 다이어트가 아니므로 기간을 늘려서 진행해도 얼마든지 고통스럽지 않은 다이어트를 할 수 있다.

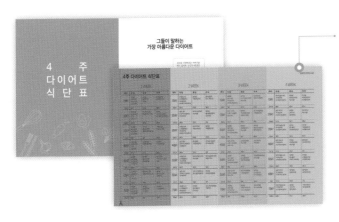

자기주도형 식단표

병원 비만클리닉 전문 영양사가
작성한 1200대 칼로리의 4주 84식
식단표이다. 이 식단을 검토한 후
힌트를 얻어 자신의 여건에 맞는
자기주도형 식단을 작성할 수 있다.
아침, 점심, 저녁식사 모두 영양소
각 군을 골고루 배치했다. 다이어트
의지가 강한 1~2주보다 의지가
약해지는 3~4주로 갈수록 포만감
있고 맛있는 음식을 배치했다.

다이어트 메뉴

2~3가지 정도의 재료와 3~4단계의 간단한 과정을 거치는 다이어트 메뉴는 비단 다이어트의
목적이 아니더라도 영양의 부족함이 없는 간편식을 알고 싶은 독자들에게도 도움이 된다.

칼로리

다이어트를 한다고 하루 1200칼로리 이하로 섭취하는 것은
영양의 불균형을 초래하여 건강을 해칠 수 있다. 이 책에서는
아침 300대 칼로리, 점심과 저녁 400대의 칼로리를 위주로
요요현상 없는 건강한 다이어트를 목표로 했다.

과정

과정은 그림만 보고도 각 메뉴를 따라 할 수 있도록
섬세한 사진 구성으로 꾸몄으며
다이어트 이야기에서는 각 메뉴에 들어간 식재료의
관리 요령이나 영양 분석 등을 담았다.

한 달, 2kg이 정답이다

여자들 사이에서 '평생의 짐'이라는 다이어트. 과연 얼마나 빼는 게 정답일까?

이 책에서 제안하는 다이어트의 적정량은 한 달에 2kg이다. 일견, 너무 적어 보일 수 있다.

'한 달에 적어도 5kg은 빼야지.'라고 생각하는 사람도 많을 것이다.

그러나 그것은 '지속 가능한 다이어트'를 목표로 하는 이 책의 지향점과 일치하지 않는다.

짧은 기간, 급격한 다이어트는 널리 알려진대로 몸의 균형을 깨트려 여러 가지 문제를 야기할 수 있다.

골다공증, 생리불순, 탈모 등은 오히려 무리한 다이어트가 부를 수 있는 비극 가운데 가벼운 부작용일 수 있다.

요요현상을 부르지 않으면서 가장 건강하게 살을 빼는 방법은 생활 습관의 변화를 통해

장기적으로 천천히 다이어트를 하는 것이다.

'다이어트의 최대 변수는 운동이 아니라 식사'라는 말이 있듯 살 빼기를 좌우하는 것은 먹거리다.

몸에 좋은 음식을 골라 거르지 말고 과하게 먹지 않는 것.

이런 쉽고 건강한 방법이 있는데 우리는 지금까지 어디에 돈을 쓰고 에너지를 낭비하며

다이어트에 몰두했는가? 이제 생각을 바꾸고 생활 습관을 바꿔 가장 쉽고도 건강한 다이어트를 시작하자.

무리하게 굶지 않으니 포기도 없다

다이어트를 해본 사람치고 '무조건 굶기'나 평소 먹는 양의 '1/2만 먹기'를 안 해본 사람은 없을 것이다.

"덜 먹으면 적은 칼로리를 섭취했으니 살도 안 찌겠지?"라는 막연한 기대 때문이다.

그러나 배고픔을 참는 다이어트는 반드시 실패한다.

허기는 필연적으로 과식을 부르고 과식은 다이어트를 허사로 만든다.

설사 허기를 참아 살을 빼더라도 그것은 단기적인 효과밖에는 거둘 수 없다.

굶거나 덜 먹는 다이어트 중에는 이런 경우도 많다.

"초코파이 하나에 우유 한 잔 간단히 먹으면 칼로리는 얼마 안 되겠지."라며 가뿐히 먹는 경우다.

물론 한 끼는 이것으로 때운다는 강한 결심을 앞세운 채 말이다. 그러나 이 결심은 결코 오래 가지 못한다.

조금 지나면 허기 때문에 정신 집중도 안 되고 마음만 싱숭생숭하다가 다시 무엇인가 먹을 것을 찾게 된다.

이것이 칼로리만 높고 영양가는 없는 먹거리가 가진 숙명이다.

'이번에는 무얼 먹을까? 냉장고에 넣어둔 달짝지근한 밤양갱이나 하나 먹을까?' 생각이 끝나기도 전에

냉장고 문은 열리고 밤양갱을 무섭게 찾는다. 그러나 문제는 여기서 끝나지 않는다는 것.

밤양갱을 흡입하고 나니 입이 달아서 그런지 갈증이 나 깔끔하게 입가심할 거리가 또 필요해진다.

입가심이라면 커피만 한 게 있나라는 생각으로 달달한 커피믹스 한 봉지까지 마시게 된다.

이렇게 먹으면 다이어트가 잘될 줄 알고 먹었던 어느 날 저녁 한 끼,

가뿐하리라고 생각했던 한 끼의 총칼로리를 따져볼까?

우유 200ml 135kcal + 초코파이 1개 134kcal + 밤양갱 1개 150kcal + 커피 믹스 1개 80kcal = 499kcal

거의 라면 한 개에 이르는 많은 칼로리다. 그리고 이것은 무조건 굶는 다이어트보다 더 치명적이다.

나름 다이어트를 위해 골라 먹었는데 그게 거의 500kcal인 것이다. 보통 양지머리와 숙주나물을 넣어 끓인

얼큰한 국물의 육개장이 330kcal 정도 되니 이건 살을 빼는 게 아니라 더 찌우는 것이다.

밥을 안 먹고 초코파이 하나로 때웠으니 살은 안 찌겠지라는 안일한 생각을 거두어야 한다.

4주 다이어트 프로그램을 시작하기 전에

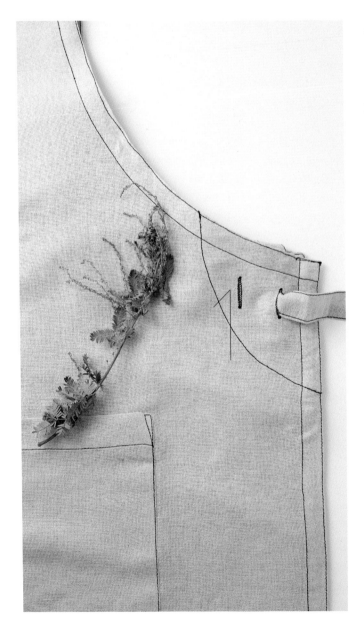

1

우선 마음의 준비

다른 모든 것처럼 다이어트도 결국은
마음에서부터 시작하는 것이다.
다이어트에 독한 마음이 필요한 것은
이 시대 환경 탓이 크다. 바로 한
걸음만 나가도 먹거리가 넘쳐난다.
쇼윈도 너머 노르스름한 윤기가
흐르는 망고케이크와 TV 속 백 모
씨가 만드는 닭살스테이크가 먹성을
자극하기 일쑤다. "에이, 요것만 먹고
바로 시작해야지."나 "이것을
먹었으니 이따 점심은 굶어야지."
같은 가을철 길가 코스모스 같은
하늘하늘한 생각이 안 들 수 없다.
그러나 다이어트는 일종의 전쟁이다.
평생을 정상의 자리에 서 있는
모 여자 가수의 말을 기억하는가?
"평생 배불리 먹어본 적이 없다."라는
그녀의 한마디. 다이어트는 이런
것이다. 강력한 신념, 혹은 정신
상태가 식사 조절보다 앞서는 것이다.
명심하라. 먹는 게 문제가 아니라
마음이 문제라는 것을.
그리고 단단히 마음을 세팅하라.
4주 후 몸부터 새로운 자신으로
거듭나고야 말겠다고.

2

운동에 대한 생각의 전환

운동과 식사가 함께 조화를 이루어야 더 빨리, 효율적인 다이어트를 할 수 있다. 일단 하루에 30분 이상 걸어라. 그렇다고 운동에 목숨 건 사람처럼 결코 무리할 것은 아니다. 유산소 운동은 숨이 차지 않을 정도로 하는 것이 가장 효율적이다. 걸으면서 하루 일과를 정리하고 사랑하는 사람을 생각하기도 하고 회사에 가서 오늘 할 일을 미리 구상해도 좋다. 걸으면서 생각할 일이 한두 가지가 아니다. 걷는 것이 습관이 되면 하루 중 가장 행복한 시간이 산책하는 시간이 될 것이다. 또 하나, 꼭 시간을 내서 헬스센터를 찾아 런닝머신 위에 올라야만 운동이라는 생각도 떨쳐야 한다. 집안일도 별것 아닌 것 같지만 엄청난 운동이다. 최근에 나온 자료를 보면 몸무게 50kg의 사람이 10분 동안 하는 각종 집안일도 칼로리의 소모량이 만만치 않다. 예를 들면 가벼운 산책을 하는 데는 25칼로리를 소모한다. 10분 빠르게 걷기에는 33칼로리, 10분 에어로빅에는 조금 더 많아서 54칼로리를 각각 소모한다. 이뿐이 아니다. 청소기 돌리기에는 29칼로리, 욕실 청소에는 32칼로리, 계단 오르기에는 무려 67칼로리가 쓰인다. 어떻게 집안일을 무시하겠는가? 어찌됐든 몸을 움직여라. 그럼 칼로리는 소비되고 체지방은 분해된다.

3

먹는 속도의 조절

일반적으로 비만한 사람들의 식사 시간을 지켜보면 유난히 밥을 빨리 먹는 경우가 많다. 잘 씹지 않는다는 말이다. 그러고는 식사를 빨리 하는 것이 건강에 얼마나 나쁜지를 아는지 모르는지 "나보다 빨리 먹는 사람을 본 적이 없다."거나 "밥을 늦게 먹는 사람을 보면 답답해서 미치겠다."라는 등의 말을 자랑처럼 쏟아놓는다. 그러나 살을 빼고 싶다면 체중 관리에 있어서 빨리 먹는 것은 가장 피해야 할 습관 중의 하나라는 사실을 반드시 기억해야 한다. 식사 시간이 짧으면 포만감을 느끼기도 전에 많은 양의 음식을 먹게 된다. 음식을 여러 번 씹으면 식욕을 조절하는 뇌 부위를 자극해 적은 양으로도 포만감을 준다. 한 번 식사를 할 때 15분 이상 투자하라. 식사를 천천히 하는 손쉬운 방법을 알아보면, 우선, 밥을 국에 말아먹지 않도록 해야 한다. 또 음식을 적게 뜨고, 음식을 씹고 있을 때는 수저를 일단 식탁에 내려놓는다. 음식을 10~20번 잘 씹어 삼킨 후 다시 수저를 든다. 밥을 먹으며 중간에 2~3분씩 TV를 보거나 책을 읽으며 쉬었다가 먹는 것도 좋은 방법이다. 천천히 먹는 식사 습관은 다이어트뿐만 아니라 생활에 스트레스를 주는 여러 가지 장트러블을 개선시키는 효과도 있다.

4
시간을 정해놓고 먹는 것의 의미

단적으로 최고의 건강식이라 말할 수 있는 병원식을 생각해보자.
7시 30분, 12시 30분, 5시 30분……. 병원식은 시간부터 지킨다.
다이어트식 역시 마찬가지다. 이어지는 약속과 외식으로 불가피한
때를 제외하고는 가급적 먹는 시간을 정해놓고 규칙적으로
먹어야 한다. 끼니를 거르지 않고 규칙적으로, 과하지 않은 식사를
하면 다이어트 성공의 최대 위험 요소인 허기를 막을 수 있다.
더불어 과식도 하지 않게 된다. 이것은 불필요한 간식을
예방하기도 한다. 결국 규칙적인 식사를 하면 밥을 굶지 않아도
몸이 편해지면서 살이 빠지는 것이다.

5
골고루 다양하게

건강한 다이어트의 기본은 공급되는 칼로리는 최소한으로 억제하되 다양한 식품을 골고루 먹어 영양소를 제대로 섭취하는
것이다. 다이어트에 좋다고 하나의 식품을 집중적으로 먹어 영양의 불균형을 초래하면 다이어트를 하다가 몸부터 상하게
할 수 있다. 현대생활에서 필수적인 외식을 할 때도 단품 위주로 고르지 말고 다양하게 골고루 먹을 수 있는 메뉴,
즉 정식 스타일로 먹어라. 파스타나 돈가스 같은 단품보다는 생선구이나 백반 같은 다양한 반찬이 있는 밥상이 낫다.
이와 같이 다양한 영양소의 섭취를 강조하는 이유는 다이어트를 할 때 나타나기 쉬운 피로나 권태감, 무기력증,
면역력 저하 등을 막고 몸의 신진대사를 높이는 것이 무엇보다 중요하기 때문이다.

하루 1200대 칼로리 섭취를 위한 식품 교환표

곡류군 당질	어육류군 단백질	채소군 비타민 무기질	지방군 지방	우유군 단백질	과일군 비타민 무기질
100kcal	75kcal	20kcal	45kcal	125kcal 일반 우유 80kcal 저지방 우유	50kcal
밥 1/3공기 (70g)	고기 1토막 (40g)	익힌 시금치 1/3컵 (70g)	식용유 1작은술 (5g)	우유 1컵 (200ml)	사과 1/3개 (80g)
찹쌀 3큰술 (30g)	생선 1토막 (50g)	불린 무말랭이 1/3컵 (10g)	들기름 1작은술 (5g)	두유 1컵 (200ml)	수박 1쪽 (150g)
식빵 1쪽 (35g)	굴 1/3컵 (70g)	피망 중간 것 2개 (70g)	참기름 1작은술 (5g)	전지 분유 5큰술 (25g)	토마토 작은 것 2개 (350g)
모닝빵 중간 것 1쪽 (35g)	닭고기 1토막 (40g)	썬 오이 1/3컵 (70g)	땅콩 1큰술 (8g)		배 큰 것 1/4개 (110g)
삶은 국수 1/2공기 (30g)	새우(중하) 3마리 (50g)	가지 중간 것 1개 (70g)	잣 1큰술 (8g)		귤 2개 (120g)
감자 중간 것 1개 (140g)	꽃게 작은 것 1마리 (70g)	익힌 배추 1/3컵 (70g)	호두 중간 것 1.5개 (8g)		딸기 중간 것 7개 (150g)
인절미 3개 (50g)	물오징어 몸통 1/3등분 (50g)	깻잎 20장 (40g)	아몬드 7개 (8g)		참외 중간 것 1/2개 (150g)
크래커 5개 (20g)	조갯살 1/3컵 (70g)				오렌지 1/2개 (100g)
콘플레이크 3/4컵 (30g)	멸치 잔 것 1/4컵 (15g)				포도 작은 것 19알 (80g)
밤 큰 것 3개 (60g)	달걀 1개 (55g)				바나나 중간 것 1/2개 (50g)
미숫가루 1/4컵 (30g)	두부 1/5모 (80g)				
옥수수 1/2개 (70g)					

4주 다이어트를 위한 기초 검사 2

비만클리닉의 다이어트 프로그램에서는 신체 사이즈 측정과 더불어 기초적인 건강 검사 결과를 가지고 의사와 영양사의 상담을 진행한다. 본격적인 다이어트에 돌입하기 전, 현재 자신의 상태를 점검해보자. 비만클리닉의 실제 식습관 체크리스트를 집에서도 간단히 할 수 있도록 정리했다.

식습관 체크리스트
*해당 항목에 체크하세요

1. 하루 세 끼 식사를 꼬박꼬박 하는 편이다. ☐
2. 식사 시간은 일정한 편이다. ☐
3. 식사를 할 때 식사량은 일정한 편이다. ☐
4. 식사의 속도는 20분 내외로 천천히 먹는 편이다. ☐
5. 식사는 정해진 장소, 식탁에서 먹는 편이다. ☐
6. 식사를 할 때 국과 찌개류는 먹지 않는 편이다. ☐
7. 식사를 할 때 나물 반찬이나 샐러드는 꼭 먹는 편이다. ☐
8. 고기를 먹을 때, 기름을 떼고 먹는 편이다. ☐
9. 외식을 자주 하는 편이다. ☐
10. 양식과 중식보다는 한식이나 일식을 더 좋아하는 편이다. ☐
11. 패스트푸드나 라면 등 인스턴트 음식을 먹지 않는 편이다. ☐
12. 우유 및 유제품, 콩류 제품을 먹는 편이다. ☐
13. 하루에 한 번 과일을 먹는 편이다. ☐
14. 사탕과 초콜릿, 믹스 커피 등 단 음식은 먹지 않는 편이다. ☐
15. 술자리는 한 달 2회 이하로 갖는 편이다. ☐

● 체크 12개 이상 | 양호한 식습관을 가졌다. 현재 식습관을 유지하며 기본적인 활동과 운동을 병행하면 건강하게 생활할 수 있다.

● 체크 5개 이상~12개 미만 | 식습관의 개선이 필요하다. 식습관을 교정하도록 노력해야 한다. 식습관은 하루아침에 형성되는 것도, 개선되는 것도 아니므로 꾸준한 노력이 필요하다.

● 체크 5개 미만 | 식습관이 불량하며, 식습관의 개선이 시급하다. 현재의 식습관을 유지하면 비만을 더 유발하며 장기적으로는 혈압, 혈당, 콜레스테롤 수치가 높아질 수 있다. 100세 시대의 건강한 육체는 무엇과도 바꿀 수 없는 큰 자산이므로 식습관의 개선과 균형 있는 영양 섭취 그리고 운동을 병행해야 한다.

최근에는 '마른 비만'에 해당하는 환자도 많다. 보통 비만도 수치는 정상 또는 정상 이하인데 근육량은 적고
체지방량은 높으며 콜레스테롤과 중성지방 수치가 정상 범위를 넘을 때 '마른 비만'이라고 진단한다.
겉과 속이 모두 날씬한, '건강한 다이어트'를 위해 자신의 상태는 어떤지 점검해보자.

체질량지수(Body Mass Index: BMI)를 이용한 비만도 검사

가장 널리 사용되고 있는, 신장과 체중을 이용한 판정지수가 BMI이다. 체지방과 상관관계가
높고 키의 영향을 적게 받는다.

BMI=체중(kg)÷신장(m)÷신장(m)
(예) 신장 160cm, 체중 50㎏인 사람의 BMI는 50÷1.6÷1.6=19.5(정상)

BMI(kg/m2)	구분
18.5~22.9	정상
23.0~24.9	과체중
25.0~29.9	경도비만
30.0~34.9	중등도비만
35.0 이상	고도비만

콜레스테롤 및 중성지방 수치가 정상 범위를 넘어도 안 된다. 참고로 남자의 경우
허리둘레 90cm 이상, 여자의 경우 80cm 이상이면 복부 비만에 속한다.

*혈액 수치(단위:mg/dl)

분류	정상 범위
총 콜레스테롤	200 이하
LDL 콜레스테롤	120 이하
HDL 콜레스테롤	60 이상
중성지방	150 이하

4주 다이어트 식단 직접 체험기
6개월 동안 10kg을 감량한 요리연구가 김선영

'미용'이 아니라 '건강' 때문에

살 때문에 고민하던 한 사람. 이 책의 저자이며 요리연구가인 김선영이 이 책이 제안하는
4주 다이어트 식단을 이용해 최근 6개월간 무려 10kg을 감량했다. 각종 방송 활동으로
요즘 들어 더 바쁜 그녀는 이 책을 어떻게 활용했을까?

결혼 후 우연한 기회에 음식의 매력에 빠져 최근에는 KBS TV 〈무엇이든 물어보세요〉, TV조선
〈살림 9단의 만물상〉 등 각종 방송 프로그램을 누비는 최고의 요리연구가가 된 김선영.
시간이 갈수록 사람들이 자신의 이름을 알아주고 강의와 방송 요청이 밀려드는 것은
신기하면서 행복하기도 한 경험이었다. 요리를 통해 새로운 사람들을 만나고 재미있는 대화를
나눌 수 있다는 것도 외향적인 성격의 자신에게 잘 맞는 일이었다.

일주일의 3일을 강의로, 2일을 방송이나 촬영으로, 일요일을 제외하고 하루 비는 토요일마저
음식 관련 학위 취득을 위해 대학원으로 뛰어다니는 생활을 몇 년간 지속했고 학위 과정을
마친 최근에야 그나마 토요일이 조금 여유로워졌다.

그녀가 다이어트에 관심을 갖게 된 것은 사람들의 흔한 목적인 '미용'이
아니라 '건강' 때문이었다. 혈압이 높아 병원을 찾았을 때 의사의
첫 번째 충고는 식이요법과 다이어트였다. 높은 혈압은 늘 기분 나쁜
두통을 동반했고 뚱뚱해진 몸 때문에 출연한 방송이 나간 후 몸이 부어
보인다면서 어디가 아픈지 묻는 지인이 있을 정도였다. 워낙 단 음식과
밀가루 음식을 좋아하고 밥이나 빵 같은 탄수화물 섭취의 여왕이었으니
살이 찌는 것은 어쩌면 당연했는지 모른다.

요리연구가는 살이 찌기 쉽다. 음식이 주변에 늘 있으니 그만큼 먹을
기회가 많고 레시피를 연구하면서 자연스레 시식을 하게 된다.
기본적으로 맛이 없게 만들지 않으니 자꾸 먹게 된다. 먹을 기회가
많으니 관리에 특별히 신경 쓰지 않으면 몸매가 일시에
무너지기 십상이다. 거기에 강의와 방송을 하다보면
요리연구가가 자주 하게 되는 폭식도 비만의 한 원인임을
실감하게 된다. 종일 강의나 녹화를 한 후 허기진 가운데
한꺼번에 많이 먹는 경우가 많기 때문이다.

혈압이 높아 병원을 찾았을 때 의사의
충고는 식이요법과 다이어트였습니다.
시간을 두고 건강하게 살을 빼야겠다고
마음먹었지요. 식이요법의 핵심은
이 책에서 제안한 4주 다이어트
식단에서 힌트를 얻었습니다.

김선영(저자·요리연구가)

After

Before

산채비빔밥　　　　　　두부밥

산채비빔밥과 한 시간 운동의 힘

살을 빼야겠다고 막연히 생각하고 있던 차에 의사의 권유는 결정적이었다. 다이어트를 결심
했다. '급격한 살빼기'가 아니라 시간을 두고 건강하게 살을 빼야겠다고 마음먹었다. 식이요법의
핵심은 이 책에서 제안한 4주 다이어트 식단에서 힌트를 얻었다. 아침식사 두 종류와 점심, 저녁
주요 메뉴로 제안한 비빔밥이 다이어트의 주요 먹거리였다.

아침은 삶은 달걀과 저지방 우유, 그린샐러드를 위주로 먹었으며 가끔 샐러드의 종류만 바꿔
유자드레싱샐러드를 먹기도 했다. 4주 다이어트 식단에서는 아침식사에 호밀빵 등도 함께
권하고 있으나 임의대로 빵 종류는 식단에서 뺐다. 그 대신 샐러드의 양을 늘려 충분히 배가
부르다는 느낌이 들 정도로 포만감 있게 먹었다. 아침과 점심 사이에 가끔 허기가 질 때는
삶은 고구마나 바나나로 배고픔을 달랬다. 점심은 주로 외식을 할 수밖에 없었다. 예전 같으면
돈가스나 만둣국, 칼국수 등을 먹었지만 다이어트 이후는 '밀가루 음식을 제외한 소박한
한식'이라는 식사 원칙을 철석같이 지켜 고등어구이정식이나 김밥, 우거지탕, 북엇국 같은
메뉴를 먹었다. 저녁은 4주 다이어트 식단에 나오는 레시피 가운데 산채비빔밥, 날치알채소밥,
두부밥, 현미채소김밥, 두부다시마말이 등을 골라 먹었다. 4주 다이어트 식단은 똑같은 음식을
꾸준히 먹는 다이어트와 달리 한 달 식단표를 보고 좋아하는 음식 몇 가지를 골라 번갈아
먹을 수 있어 좋았다. 똑같은 것을 계속 먹는 것처럼 괴로운 것은 없으니 말이다.

많은 레시피 가운데 비빔밥을 고른 이유는 특별히 다른 반찬이 필요 없이 두세 가지 정도의
재료만 준비하면 빨리 한 끼를 만들 수 있었기 때문이다. 또 현미밥과 각종 채소가 비교적 오래
포만감을 유지시켜 주었고 비만의 가장 큰 원인인 변비 해소에도 큰 도움이 되었다.

식이요법과 함께 달려야 하는 쌍두마차가 운동이다. 일단 동네 헬스센터에 가서 퍼스널
트레이닝(personal training)을 받기로 했다. 그리고 다이어트 전문 트레이너로부터 20회의 개인
지도를 받았다. 한 시간짜리 운동 프로그램으로, 근력 운동을 15분, 런닝머신 등을 이용한 유산소
운동을 45분 동안 소화했다. 처음에는 런닝머신 정도면 살을 빼는 데 충분하지 않을까 생각하고
개인 PT를 받는 데 소극적이었지만 체계적으로 헬스센터를 이용할 수 있었다는 데서 만족하고
있다. 요일별로 근력 운동의 부위를 달리해 여러 가지 기구를 이용할 수 있었고 운동법뿐만

현미채소김밥

두부다시마말이

아니라 런닝머신 위에 오를 때 가장 좋은 운동화나 운동 중 먹는 음료까지 상담 받을 수 있어 나름 유익했다. 지금은 정 바쁜 날을 제외하고 일주일에 4~5회 정도 트레이너 없이 꾸준히 운동을 하고 있다. 6개월에 10kg으로 무리하지 않고 살을 빼니 다이어트로 인해 힘이 없다든지 졸린다든지 하는 식으로 일상생활에 지장을 주는 일이 없었으며 다이어트 후 4개월째부터는 너무 먹고 싶다는 생각이 들 때 조각 케이크 1조각 정도 먹는 여유도 생겼다.

다이어트 후 얻게 된 삶의 자유로움

김선영은 자신이 살이 찐 이유를 "다이어트를 잘못 생각했기 때문"이라고 말했다. 자신은 다이어트라면 '무조건 굶는 것'이라는 생각을 해왔고 그것이 엄두가 나질 않아 감히 도전을 하지 못했다고 고백했다. 그러나 4주 다이어트 식단을 직접 실행해보니 다이어트는 '굶는 것'이 아니라 '건강하게 먹는 것'이었다. 기름기와 당분 등을 줄이고 채소를 위주로 한 '건강한 소식'의 습관을 들이면 누구나 요요 없는 다이어트가 가능하다는 결론에 이르렀다.

무엇보다 다이어트 후 좀 더 생기 있고 자유로워졌다. 건강을 찾으면서 생활이 훨씬 활기 있어짐은 물론 사람을 만나거나 심지어 옷을 고를 때도 예전보다는 많이 자유로워진 느낌이랄까? 가리고 가리느라 몸에 딱 붙는 옷은 고를 엄두도 내지 못했지만 이제는 라인을 살린 옷도 심심치 않게 고른다. 그만큼 선택의 여지가 많아졌으니 자유로워진 것이 맞다. 방송을 위해 마이크 앞에 섰을 때도 예전보다는 한결 자신 있게 말하고 진행할 수 있어서인지 방송의 기회도 늘었다. 일에도 다이어트가 주는 직접적인 수혜가 적지 않은 것이다.

'살을 빼야지.'라고 마음은 먹고 있지만 실행을 미루고 있는가? 그렇다면 과감히 감량의 길에 나서라. 작정을 한 것만으로 이미 반 이상 목표를 달성한 것이다. 단순히 미용에만 국한하지 않더라도 무리하지 않는 '건강한 다이어트'는 분명 당신의 삶을 더욱 생기 있고 활기차게 만들어 줄 것이다. 요리연구가 감선영의 예에서 보듯 다이어트는 당신에게 삶의 새로운 기회를 선물할 수도 있다. 좁고 답답한 방 안을 나가 세상을 향해 힘찬 발걸음을 내디뎌보자. 머리 위 따뜻한 햇살부터 당신을 반겨줄 것이다.

꼭 알아야 할 몸무게 감량의 법칙

소박한 한식 스타일의 집밥을 먹어라

일체의 가공식품, 과자, 빵, 초콜릿, 피자, 떡을 끊어라. 가공식품은 정제 설탕과 지방의
함량이 많고 먹으면 더 먹고 싶은 중독성도 강하다. 특히 초콜릿과 과자 등의 가공식품은
우리 몸에서 소화 흡수가 빨라 혈당이 급격히 상승한다. 또 췌장은 이에 대응하기 위해
인슐린을 과다분비하면서 혈당이 급격히 떨어져 얼마 지나지 않아 급격한 허기를 느끼게
되고 먹을 것을 다시 찾는다. 가공식품 대신 현미밥과 두부, 호박, 감자, 나물, 미역, 생선 등
우리가 늘 먹던 조촐한 밥상을 차리면서 양도 8부에서 수저를 놓는 것이 좋다.

몸을 움직여라

다이어트를 결심한 후 될 수 있으면 몸을 많이 움직이고자 노력하라. 점심식사 후 하는
30분의 '식후 산책'은 강추하는 것이고 지하철에서 역까지 15분쯤 되는 거리를 걸어서
출퇴근한다거나 별로 지저분하지 않더라도 몸을 움직여 방을 치우고 걸레질을 하는 등
집안일을 만들어서 하는 것도 바람직하다.

채소를 듬뿍 먹어라

가끔 비만클리닉을 방문하는 환자들을 대상으로 음식 일기를 쓰게 하고
그들의 일기를 보면 하나의 큰 특징을 발견할 수 있다. 떡볶이, 빵, 국수 등의 탄수화물을
보통 사람보다 자주 먹고 채소의 섭취도 눈에 띄게 적다는 것이다. 비만을 부르는 핵심적인
두 가지 습관이 가감 없이 보이는 것이다. 다이어트를 하는 동안 채소를 챙겨 먹는 데
게으르면 안 된다.
채소는 '몸에 좋은 음식', '건강한 음식'이라고 통상적으로 알고 있으나 채소의 좋은 점은
특히 다이어트를 할 때 더욱 빛난다. 채소는 일단 칼로리가 낮고 식이섬유소가 풍부해
오랫동안 포만감을 준다. 또 과일에는 없는 칼슘, 마그네슘, 엽산, 이용률이 높은 철분 등
건강 유지의 필수적인 영양소가 많아 다이어트 기간 부족하기 쉬운 영양을 채우는 데
필수적이다. 특히 대부분의 채소는 섭취할 때 많이 씹어야 하기 때문에 더욱 다이어트와
밀접하다. 오래 씹어야 하는 '느리고 포만감 있는 식사'는 불필요한 과식을 막는다.

간식은 과일이나 견과류로

다이어트를 할 때 가장 경계해야 할 것이 과식을 부르는 '허기'라는 사실은 이미 강조했다.
배가 고픈 상태를 만들지 않기 위해서 간식도 중요하다. 간식을 떡이나 국수, 빵, 초콜릿,
아이스크림, 피자 중에서 고르던 행복은 잠시 보류하라. 무조건 과일이나 견과류로 먹어라.
물론 과일도 기본적으로 당질의 성분이 있어 이것저것 하루 한 개를 넘지 않게 먹는 게
좋다. 느닷없이 빵이 생각나면 바나나 한 개 혹은 삶은 밤 몇 개로 배를 채워라.

청량음료는 사절!

다이어트를 위해 갈증이 나면 무조건 마시던 청량음료부터 끊어라. 청량음료를 일체 먹지
않는 것이 처음에는 어려울 것 같지만 막상 습관이 되면 음료수 자체가 별로 당기지
않는다. 청량음료는 한마디로 당 덩어리로, 설탕물을 벌컥벌컥 마시는 것과 별반 차이가
없다. 특유의 향과 색을 내기 위해 넣는 각종 첨가물이 몸에 좋을 리 없으며 칼로리만 높고
영양가는 전무해 다이어트 최대의 적이라고 봐도 무방하다. 그렇다면 요즘 유행하는
칼로리 제로 음료는 어떤가? 여기에는 칼로리는 없으면서 단맛을 최대로 유사하게 내는
가공 감미료, 아스파탐(aspartame), 수크랄로스(sucralose) 등을 넣는다. 그러나 이들
첨가제들은 사용 이후 끊임없이 유해성 논란을 일으켰으며 한때 미국에서 사용이
중지되기도 했다. 이런 성분이 들어간 음료를 먹으면 체지방은 늘지 않지만 먹으면
먹을수록 단 것에 대한 욕구가 더 강해지고, 미각도 거기에 길들여져 정신적, 감각적으로
둔해질 위험도 크다. '청량음료 = 설탕 덩어리'라는 공식을 늘 머리에 담고 청량음료를
멀리하는 것이 다이어트 기간의 중요한 행동 지침이다.

단백질을 꾸준히 보충하라

다이어트의 성패는 배고픈 상태를 만들지 않는 것에 달렸다. 그 역할을 단백질에서 찾아라.
우수한 단백질은 소화가 느려 위장에 머무는 시간이 길고 조금만 먹어도 허기를 막을 수
있다. 다이어트를 할 때 닭고기, 달걀, 콩, 생선, 우유 등 단백질이 함유된 음식을 꾸준히
먹어야 하는 이유가 바로 그것이다.

4주 다이어트의 핵심 식재료는?

4주의 다이어트 기간 동안 각 주마다 집중적으로 먹게 되는 핵심 식재료, 네 가지를 소개한다. 그것은 1주차에 현미, 2주차에
토마토, 3주차에 버섯, 4주차에 연어다. 단백질과 탄수화물, 비타민과 식이섬유소의 공급이라는 측면에서 필수적인 음식들이다.
'먹는 즐거움이 있는 다이어트'를 빛낼 네 가지 식재료와 함께 건강하고 지속 가능한 다이어트를 시작해보자.

1주차	2주차

현미

이 책에서 제안하는 다이어트 1주차 식단의 핵심 식재료는
현미다. 평소 현미 특유의 껄끄러움이 싫어 잘 먹지
않았다면 다이어트의 성공을 위해 이제부터 현미의 거친
맛을 사랑하는 것은 어떨까? 현미의 정제되지 않은
테두리에는 미네랄과 비타민, 식이섬유소가 풍부한 대신
칼로리가 거의 없는 겨와 배아가 붙어 있다. 현미는
GI지수(Glycemic Index, 혈당지수)도 낮아 흡수가 느리고
식이섬유소가 많아 다이어트 중 찾아오기 쉬운 변비를
예방하고 신진대사도 활발하게 해준다. 현미를 고를 때
주의할 점은 정제를 하지 않아 잔류 농약의 우려가 있으므로
저농약이나 무농약 현미를 고르는 것이 좋다.

토마토

다이어트 시작 둘째 주 식단의 핵심 식재료는 토마토다.
한때 유행했던 원푸드 다이어트를 기억하는가?
3일 동안 삼시 세끼를 하나의 음식만 먹어 살을 빼는
원푸드 다이어트의 식재료로 토마토가 각광을 받았던 적이
있다. 이유는 간단하다. 칼로리는 적고(100g 기준 14kcal)
영양은 풍부하며 포만감은 높기 때문이다. 2주차 식단에서
토마토를 주재료로 다양한 변형식을 즐기면서 절식 없는
다이어트를 하게 된다. 리코펜이라는 강력한 항산화
성분이 암을 예방하는 효과가 있고 비타민과 무기질의
공급원이기도 한 토마토. 이 책이 소개하는 토마토 요리로
2주차의 건강을 챙겨보자.

각 주마다 하나의 핵심 식재료를 가지고 조리법에만 변화를 줘 다양한 음식을 소개했다.
2주차의 경우 토마토라는 핵심 식재료로 토마토달걀볶음이나 토마토치커리샐러드, 토마토현미리소토까지 배울 수 있다.
따라서 다이어트 식단을 실천하기 위한 장보기도 경제적으로 할 수 있다.

3주차	4주차

버섯

이 책이 제안하는 다이어트의 본격 심화기인 3주차의 핵심 요리는 버섯이다. 표고버섯, 새송이버섯, 양송이버섯, 팽이버섯 등 종류도 다양하지만 이들 버섯의 일반적인 특징이라면 역시 다이어트에 강한 건강 식재료라는 것이다. 버섯은 콜레스테롤 수치를 떨어트려 성인병을 예방하고 특유의 나이신 성분은 지방 생성을 막아준다. 또 혈액순환에 도움을 줘 뇌에 산소 공급을 원활하게 하고 피로 회복에도 도움을 준다. 이 책에서 제안하는 버섯채소죽이나 표고버섯영양밥, 버섯불고기는 건강도 건강이지만 맛도 절대 뒤지지 않는 만큼 생활 속에서 꾸준한 섭취를 권한다.

연어

이 책이 제안하는 다이어트 식단의 대미, 4주차의 핵심 먹거리는 연어다. 양껏 먹는 것을 포기해야 하는 다이어트를 하면서 맛까지 없는 것을 먹으려면 그야말로 고역이 아닐 수 없다. 이런 다이어트의 어려움 가운데 연어는 특유의 고소한 맛으로 우리의 입맛을 당긴다. 연어는 비타민이 풍부하고 양질의 단백질도 많다. 비타민D와 뇌세포를 활성화하는 DHA도 풍부하다. 지질 함량이 많아서 항산화성분이 많은 녹황색 채소와 함께 먹으면 산화 방지에 도움을 준다. 이 책이 제안하는 연어양상추쌈이나 연어구이 등으로 다이어트와 영양, 두 마리 토끼를 잡기 바란다.

4주 다이어트를 위한 기본 음식 4

이 책이 제안하는 4주 동안의 다이어트 프로그램 중 가장 자주 먹게 되는, 가장 기본이 되는 핵심 음식
네 가지를 소개한다. 현미밥, 저염양념간장, 채소피클, 스크램블에그. 만들기 쉬워 보이지만 실제 만들어보면 특별한
맛을 내기는 쉽지 않은 음식들이다. 다이어트를 시작하기 전, 제대로 배워 성공적인 살 빼기의 초석을 놓아보자.

기본음식 1 현미밥

4
인 분

314kcal

재료 ☐ 현미쌀 1과 1/2컵(270g) ☐ 쌀 1/2컵(90g) ☐ 물 3컵

❶ 현미쌀과 멥쌀은 편평하게 계량하여 첫물을 부어 가볍게 저은 후 버리고
다시 물을 부어 저은 후 버리기를 3회 반복한다. 현미쌀은 3시간 정도 불려준다.

❷ ①의 불린 쌀을 체에 밭쳐 물기를 빼고 냄비에 넣은 다음 물 3컵을 붓는다. 보통 불로 올려
7분간 끓인 다음 약한 불로 낮춰 7분간 끓인다.

❸ 불을 아주 약한 불로 낮춰 5분 정도 끓이고 불을 끄고 10분 정도 뜸을 들인다.

❹ 밥이 완성되면 그릇에 담는다.

TALK TALK DIET

● 밥을 좀 더 맛있게 지으려면 과정 ①에서 소금 한 꼬집을 넣으면 밥이 더욱 차지게 됩니다.

현미밥의 칼로리는 1공기에 321kcal로 흰쌀밥 칼로리(1공기에 313kcal)보다 조금 높다.
그러나 현미밥은 탄수화물의 비율이 흰쌀밥보다 적어 체내에 축적되는 지방의 양이 적다. 감칠맛과 짠맛을 내기 위해 각종
요리에 이용되는 간장도 저염 제품을 이용한다면 나트륨 섭취량을 줄일 수 있다.

기본음식 2 저염양념간장

10
인분

21.7kcal

재료 ☐ 다시마국물 · 진간장 4큰술씩 ☐ 다진 마늘 · 참기름 2작은술씩 ☐ 대파 1/5대(15g)
☐ 청 · 홍고추 1개씩 ☐ 통깨 1작은술 ☐ 사과 1/5개(40g)
국물재료 ☐ 다시마 5×5cm 1장 ☐ 물 3컵

❶ 냄비에 국물재료를 넣고 5분 정도 끓인 다음 다시마는 건진다.
❷ 청 · 홍고추, 대파는 씨를 빼고 크기 0.2×0.2cm로 썬다.
❸ 과일은 크기 0.5×0.5cm로 썬다.
❹ 다시마국물, 진간장, 다진 마늘, 참기름을 섞고 대파, 고추, 통깨, 다진 사과를 더 넣어 섞는다.

> TALK TALK DIET

● 180㎖의 분량이므로 냉장고에 보관하면서 각종 요리의 양념장으로 이용하면 좋습니다.

다이어트 성공의 키는 역시 녹색 채소가 가지고 있다고 해도 무방하다.
오이, 양배추, 무, 고추 등을 넣어 깔끔한 채소피클을 만들어보자.
29.8kcal의 저칼로리로 비빔밥 등의 반찬으로 좋고 한번 만들어 냉장 보관하면 오래 먹을 수 있다.

기본음식 3 채소피클

20 인분

29.8kcal

재료 ☐ 오이 2개(400g) ☐ 무 1/6개(250g) ☐ 양배추 1/8통(250g) ☐ 청·홍고추 1개씩(20g) ☐ 식초 1/2컵
피클물 ☐ 피클링스파이스 1큰술 ☐ 물 6컵 ☐ 식초·설탕 1/2컵씩 ☐ 소금 2큰술

❶ 오이, 무, 양배추, 고추를 한입 크기로 먹기 좋게 썬다.
❷ ①을 살균한 유리병에 넣고 식초를 붓는다.
❸ 냄비에 피클링스파이스, 물, 식초, 설탕, 소금을 분량대로 넣고 뚜껑을 덮어 보통 불에서 3분 정도 끓인다.
❹ ②에 ③을 부어 1일 동안 발효시킨 후 시원하게 먹는다.

TALK TALK DIET

● 식초는 총 1컵이 필요하며 1/2컵씩 채소에 직접 뿌리면 새콤한 맛을 유지할 수 있습니다.
● 단맛을 줄이기 위해 설탕의 양을 줄였습니다.

아침식사 메뉴로 자주 먹는 스크램블에그다.

달걀을 너무 처음부터 휘휘 젓지 말고 달걀물이 살짝 익으면 저어주기 시작한다.

약간 두툼한 스크램블에그를 원한다면 달걀을 저을 때 젓는 횟수를 줄이면 된다.

기본음식 4 스크램블에그

185kcal

재료 □ 달걀 2개 □ 우유 또는 물 2큰술 □ 올리브오일 1작은술 □ 소금 약간

❶ 볼에 달걀과 소금을 넣고 젓가락으로 풀어 준다.

❷ ①에 우유 2큰술 또는 물 2큰술을 넣으면 더욱 부드럽게 된다.

❸ 팬에 오일을 약간 두르고 달걀을 넣는다.

❹ 젓가락으로 달걀을 저어주면서 익혀 스크램블한다.

TALK TALK DIET

● 약간 덜 익었다 싶을 때 불에서 내려 여열로 익히면 더 맛있습니다.

4주 다이어트를 위한 추천 음식 4

이 책에서 제안한 84가지 식단, 85가지 요리 모두 다이어트에 좋은 음식이지만 그 가운데서도 반드시 놓치지 말아야 할 요리는 무엇일까? 이 책의 저자이며 금강아산병원 비만클리닉 영양사로 근무 중인 임세희가 강력 추천하는 다이어트 음식 4가지를 소개한다. 바로 연근영양밥, 날치알채소밥, 쇠고기샤브샤브국, 오이초밥이다.

1

연근영양밥

몸에 좋다는 것은 알아도 연근과 친해지기는 참으로 쉽지 않다. 연근 특유의 설컹거리는 식감도 그렇지만 별다른 맛을 느끼기 쉽지 않기 때문이다. 연근만이 아니다. 연근영양밥에 들어가는 식재료들인 당근이나 대추, 표고버섯도 개별로 감칠맛을 말하기에는 무리가 있는 식품들이다. 그러나 이것들이 함께 어우러져 아삭한 식감이 살아나면 얘기가 달라진다. 따뜻한 밥과 함께 연근, 당근, 대추, 표고버섯 등이 뒤섞여 입안에서 경쾌한 소리를 내면 기분마저 상쾌해진다. 맛을 차치하고서라도 연근영양밥은 다이어트 최고의 음식이라는 찬사가 부끄럽지 않다. 인체 면역력 강화에 도움을 주고 변비 해소에도 탁월한 효능을 지닌 건강밥이다. 상세 만드는 법 p56.

2

쇠고기샤브샤브국

3주차에 점심 메뉴로 소개된 음식이다. 영양가 가득한 배춧국을 생각하면 무리가 없을 듯하다. 다이어트를 할 때 필요한 두 가지 최고의 식재료가 이 음식에 들어간다. 바로 배추와 각종 버섯류이다. 쇠고기샤브샤브국에는 알배기배추와 표고버섯, 느타리버섯, 팽이버섯 등이 들어가는데 이들은 칼로리는 낮으면서 포만감은 오래 유지할 수 있어 다이어트를 할 때 가까이해야 할 음식 가운데 하나이다. 특히 이 국에는 쇠고기가 들어가 동물성 단백질까지 보충할 수 있어 금상첨화이다. 다이어트 중에 고기를 아예 멀리해야 하는 것은 아니다. 한 번 끓일 때 2~3인분용으로 양을 충분히 준비해 다이어트 기간 자주 먹으면 좋다. 상세 만드는 법 p132.

가급적 채소를 많이 섭취할 수 있고 다이어트 기간 특히 필수적인 단백질과 무기질 등의 영양소가 풍부한 것을 추천 음식으로 골랐다. 맛이 뛰어나고 만드는 법이 흥미롭다는 점도 고려 대상이었다. 그야말로 이름만 들어도 호기심이 발동하는 최고의 다이어트 음식 4가지이다.

3

4

날치알채소밥

간혹 날치알의 콜레스테롤 함유량을 걱정하는 경우가 있다. 그러나 너무 염려할 필요는 없다. 거의 모든 생선류에는 콜레스테롤이 들어 있기 때문이다. 고등어에도 100g 당 약 60mg 정도가 들어 있고 날치알도 이와 비슷한 양이 들어 있다. 날치알의 열량은 1큰술에 15kcal 정도로 낮은 편이다. 날치알에는 단백질과 무기질 등이 풍부해 다이어트에 좋은 식품으로 알려져 있다. 날치알을 고를 때는 날치알의 알갱이가 고르게 퍼져 있고 반투명한 노란색을 띤 것을 선택한다. 이 책에 소개한 레시피에는 김치와 무순을 넣어 만들었지만 미처 준비가 안 되었다면 집에 있는 다른 채소를 얹어 먹어도 좋다. 상세 만드는 법 p152.

오이초밥

'다이어트를 하면서도 이렇게 맛있는 음식을 먹을 수 있구나.'라고 느낄 만큼 시원한 감칠맛이 일품이다. 이 책의 특징은 다이어트 후반기로 갈수록 맛있고 포만감 드는 음식이 등장한다는 것이다. 왜일까? 맛있는 음식으로 시간이 갈수록 지치고 힘든 다이어트의 동력을 찾기 위해서다. 여기에는 한 달 동안 다이어트를 위해 많은 절제를 해온 스스로에게 주는 작은 선물의 의미도 있다. 오이초밥은 초밥에 들어가는 밥을 고슬고슬하게 짓는 것이 무엇보다 중요하며 저칼로리 마요네즈를 너무 많이 사용하지 않는 것도 중요하다. 이 음식은 밥을 주물럭거리고 식재료를 초밥 위에 올리고 하는 조리 과정이 흥미로워 아이와 함께 만들어도 좋다. 상세 만드는 법 p196.

4주 다이어트 식단을 위한 현명한 조리법

작은 그릇에 조리한다

쉬운 것부터 실천하자. 작은 그릇에 조리하는
습관을 갖자. 큰 그릇에 조리하면 아무래도 국물이나
기름이 많이 들어가고 양념도 강해져 칼로리를 높일 수
있다. 특히 프라이팬은 테플론코팅을 한 것을 쓰면 기름의
양을 조금 줄일 수 있다.

요리를 할 때 채소를 많이 넣는다

채소는 칼로리가 낮고 식이섬유소가 풍부해 포만감이
오래 지속되기 때문에 다이어트식을 만들 때 채소를
많이 넣는 것이 좋고 특히 국을 끓일 때는
건더기 양을 많이 하면 짠맛을 줄일 수 있다.

샐러드는 드레싱에 유의한다

다이어트에 샐러드가 좋다고 하여 마요네즈나 기름이 많이
들어간 드레싱을 먹으면 다이어트에 아무 소용이 없다.
간장이나 식초, 플레인요구르트 등 저칼로리 드레싱을
사용하거나 아예 드레싱 없이 담백하게 먹는 것이 좋다.

식재료 선택이 중요하다

쇠고기보다 닭고기를 고르고, 닭고기보다 생선을
선택한다. 닭고기는 반드시 껍질을 벗겨 조리하고 다리
부분보다 지방이 적은 가슴살 부분을 고른다.

씹히는 감촉이 있도록 조리한다

부재료를 가급적 크게 썰고 씹히는 감촉이 있도록 한다.
이것은 식사 시간을 길게 해 소화율을 높이고 음식을
먹은 후 포만감도 줄 수 있는 좋은 방법이다.

자극적인 양념을 피한다

지나치게 짜거나 매운 자극적인 양념은 반드시 피해야
한다. 학창 시절 매운 떡볶이를 먹으면 입가심으로 늘
시원한 아이스크림을 찾았던 기억처럼 강한 양념은
식욕을 자극해 과식이나 2차, 3차 먹거리를 부르기
쉽다. 모든 음식의 간을 1/3만 줄여 조리해보자. 맛에
적응하는 시간이 조금 필요할 뿐 시간이 지나면 간이 센
음식을 멀리하는 좋은 습관이 생길 것이다. 간을 하는
타이밍도 중요하다. 예를 들어 생선 조림을 할 때
처음부터 간장을 넣지 말고 생선이 거의 익었을 때
생선의 겉에다 살짝 간을 하면 맛에는 별 차이가
없으면서 염분 섭취를 줄일 수 있다.

이 책의 계량법

정확한 계량은 맛있는 요리의 시작! 요리에 자신이 없을수록 계량스푼과 계량컵의 사용을 생활화하라.
처음에는 하나하나 계량하는 것이 번거로울 수 있으나 습관이 되면 오히려 없으면 안 되는 것이 계량 도구다.
모든 음식은 1인분 기준이며 그 이상은 인분 수를 명시했다.

가루

| 1작은술
수북하게 담은 양 | 1/2작은술
반 정도 담은 양 | 1/3작은술
1/3 정도 담은 양 | 약간 : 엄지와 검지로
한 번 잡은 양 |

액체

| 1작은술
수북하게 담은 양 | 1/2작은술
반 정도 담은 양 | 1/3작은술
1/3 정도 담은 양 | 1컵 : 계량컵을
가득 채운 양(200ml) |

장류

| 1작은술
수북하게 담은 양 | 1/2작은술
반 정도 담은 양 | 1/3작은술
1/3 정도 담은 양 |

다진 재료

1작은술
수북하게 담은 양

1/2작은술
반 정도 담은 양

1/3작은술
1/3 정도 담은 양

한 줌 두 줌으로 계량하는 재료들

콩나물 한 줌(50g)

부추 한 줌(50g)

소면 한 줌(70g)

느타리버섯 한 줌(50g)

개수로 계량하는 재료들

오이

호박

당근

가지

감자

양파

파프리카

1 WEEK

4 주 다 이 어 트 식 단

어느 나라든 밥, 밀, 감자, 옥수수 등 탄수화물이 주식이 아닌 곳은 없다.
그만큼 탄수화물은 우리 몸의 주된 영양소이며 일정량의 섭취가
꼭 필요하다. 탄수화물이 부족하면 뇌 건강을 해치고 근육이 줄며
관절도 약해진다. 무엇보다 다이어트를 꾸준하게 끌어가기 힘들게
만드는 변비와 무기력증에 빠지기도 한다. 1주차는 탄수화물을 메인으로
구성하여 공복감을 해결하고 자신감 있게 다이어트를 시작할 수 있게 했다.

1주차 다이어트 식단

1 WEEK	아 침	점 심	저 녁	칼로리 단위 (kcal)
1DAY	호밀빵 삶은 달걀 저지방우유 그린샐러드	현미밥 황태미역국 두부선	연근영양밥 저염양념간장	1284.1
	361.1	524.6	398.4	
2DAY	단호박찜 달걀프라이 두유 채소스틱	현미채소김밥 양배추바나나주스	현미밥 저칼로리육개장 브로콜리달걀샐러드	1269.5
	334.2	498.5	436.8	
3DAY	호밀빵 삶은 달걀 저지방우유 그린샐러드	현미밥 황태미역국 매콤두부양념조림	나물볶음밥 저염양념간장	1234.8
	361.1	468	405.7	
4DAY	단호박찜 달걀프라이 두유 채소스틱	산채비빔밥 저염비빔고추장	잔치국수 사과생채무침	1200.5
	334.2	427.1	439.2	
5DAY	호밀빵 삶은 달걀 저지방우유 그린샐러드	현미밥 황태미역국 백태콩조림	연근샐러드 두부구이와 간장 사과	1233.1
	361.1	471.8	400.2	
6DAY	단호박찜 달걀프라이 두유 채소스틱	현미채소김밥 양배추바나나주스	현미밥 콩비지김칫국 양배추찜	1272.2
	334.2	498.5	439.5	
7DAY	호밀빵 삶은 달걀 저지방우유 그린샐러드	현미밥 황태미역국 두부김치	잔치국수 사과생채무침	1264.3
	361.1	464	439.2	

361.1kcal

☐ 호밀빵 ☐ 삶은 달걀 ☐ 저지방우유 ☐ 그린샐러드

———

건강한 아침식사는 신진대사를 촉진하고 혈액순환을 도와줍니다. 또 점심에 폭식을 하거나
단 음식을 찾지도 않게 됩니다. 호밀빵과 사과향이 향긋한 그린샐러드, 여기에 저지방우유와
삶은 달걀의 포근한 맛이 더해지는 1주차 1·3·5·7일 아침 한 상입니다.

● **호밀빵(35g)** 식이섬유소 때문에 다소 거친감이 있긴 하지만 GI지수가 낮고 포만감을 느끼게 해주는 장점이 있습니다.

● **삶은 달걀(50g)** 달걀 하나가 총 80칼로리 정도로 하나만 먹어도 속이 든든합니다.
단백질의 공급원이며 두뇌 발달과 노화 방지에도 좋습니다.

● **저지방우유(1컵)**

● **그린샐러드(1인분)** 칼로리가 적고 포만감이 있는 식사를 위해 녹색 채소와 사과를 넣은 샐러드입니다.
칼로리가 적으므로 허기지지 않도록 충분히 먹는 것이 좋습니다(만드는 법: p50).

334.2kcal

☐ 단호박찜 ☐ 달걀프라이 ☐ 두유 ☐ 채소스틱

아침밥을 먹어야 두뇌활동에 필요한 에너지가 공급되고 비만 · 고혈압 · 당뇨병 같은 만성적 질환을 예방하는 데도 도움이 됩니다. 아침에 일어나 활동을 하려면 많은 에너지가 필요하기 때문에 다이어트를 이유로 아침밥을 굶는 것은 결코 바람직하지 않습니다. 단호박찜과 달걀프라이, 채소스틱, 두유로 차려낸 1주차 2 · 4 · 6일 아침 한 상입니다.

● **단호박찜(120g)** 단호박을 씻어 4등분하고 씨를 긁어낸 뒤 찜기에 10분 정도 쪄줍니다. 아침에 간단하게 꺼내어 먹기 좋게 냉장 보관 또는 냉동 보관하여 데워먹습니다. 단호박은 껍질에도 영양소와 섬유질이 풍부하여 껍질째 먹어도 좋습니다.

● **달걀프라이(50g)** 달걀을 부칠 때 오일은 아주 적은 양을 쓰며 보통 불에서 조리합니다.

● **채소스틱(50g)** 파프리카나 당근 등 냉장고 속 신선한 채소를 깨끗이 씻어 적당한 크기의 세로 스틱을 만듭니다.

● **두유(1컵)**

호밀빵
삶은 달걀
저지방우유
그린샐러드

118.7kcal

다이어트 채소의 완벽한 조합

그린샐러드

재료 □ 양상추 1잎(35g) □ 사과 1/5개(40g) □ 치커리 2잎(10g) □ 베이비채소 1/3줌(3g)

드레싱(2회분) □ 꿀 1/2큰술 □ 식초 · 올리브오일 1큰술씩 □ 소금 약간

❶ 드레싱재료를 섞는다.
❷ 양상추는 한입 크기로 뜯고 사과는 껍질째 은행잎 모양으로 썬다.
치커리는 먹기 좋은 길이로 자르고 베이비채소는 씻어 물기를 뺀다.
❸ 그릇에 채소와 사과를 담고 드레싱을 곁들인다.

┌─────────────────┐
│ TALK TALK DIET │
└─────────────────┘

● 모든 채소가 다이어트에 좋은 것은 아닙니다.
옥수수, 감자 등은 당질이 많아 혈당치를 올리기 쉬운 채소이므로 과식하지 않도록 주의해야 합니다.
그린샐러드는 그런 걱정이 없는 다이어트 채소의 조합입니다. 특히 이 그린샐러드의 드레싱은 새콤달콤하면서
재료의 맛을 살려주고 입안이 개운해지는 특징이 있습니다.

현미밥
황태미역국
두부선

109.5kcal

황태, 단백질 함량이 닭가슴살의 4배

—

황태미역국

재료(2인분) ☐ 황태채 1줌(30g) ☐ 건미역 1줌(10g) ☐ 물 4컵 ☐ 참기름 1작은술
☐ 다진 마늘 1/2작은술 ☐ 국간장 2작은술

❶ 황태채는 물에 적셔 2분 정도 불리고 길이 2cm로 가위를 이용하여 자른다.
마른 미역은 물에 담가 10분 정도 불린 다음 길이 2cm로 썬다.
❷ 냄비에 참기름을 넣고 불린 황태채를 30초 정도 살짝 볶은 뒤 미역을 넣고 1분 정도 함께 볶는다.
❸ 4컵의 물을 넣고 센 불에서 10분, 보통 불에서 10분 정도 끓인다.
❹ 뽀얗게 국물이 우러나오면 다진 마늘, 국간장으로 기호에 맞게 간을 한다.

⌐ TALK TALK DIET ¬

● 근육을 만들어 기초대사량을 높이고 살이 잘 안 찌는 체질로 변화시키는 것이
다이어트라면 황태는 반드시 먹어야 할 식품입니다. 근육 생성에 꼭 필요한 단백질 함량이
다이어트의 대표 식품인 닭가슴살보다 무려 4배 이상이나 되기 때문입니다.

현미밥
황태미역국
두부선

$$215.1kcal$$

다이어트에는 밥보다 두부

두부선

재료 ☐ 두부 1/2모(150g) ☐ 생표고버섯 1장(15g) ☐ 호박 1/5개(50g) ☐ 달걀 1개 ☐ 소금 약간

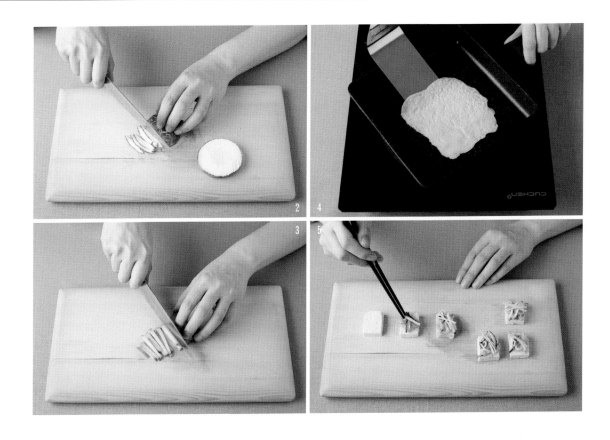

❶ 두부는 크기 2×3cm, 두께 0.7cm 정도의 한입 크기로 썰어 뜨거운 물에 데친다.

❷ 버섯은 곱게 채 썰어 뜨거운 물에 소금을 살짝 넣어 데친다.

❸ 호박은 채 썰어 소금에 살짝 절여 뜨거운 물에 데친다.

❹ 달걀을 풀어 소금을 약간 넣고 팬에 지단을 만들어 식혀서 채 썬다.

❺ 데쳐낸 두부 위에 ②~④의 재료를 고명으로 올리고 저염양념간장을 뿌려낸다.

┌──────────────────┐
│ TALK TALK DIET │
└──────────────────┘

● 다이어트를 할 때 채소와 과일만 먹으면 단백질 함량이 부족해 근육량이 떨어지고 이는 대사량을 낮춰 몸무게는 줄어도 체지방률은 높이는 결과를 초래합니다. 결과적으로 더 살찌기 쉬운 몸을 만드는 것이죠. 그래서 두부나 살코기 같은 단백질 식품의 섭취가 반드시 필요합니다.

● 음식을 하고 남은 표고버섯은 밑둥을 잘라내고 머리 부분을 채 썰어 말린 후 냉동 보관하면 좋습니다.

연근영양밥
저염양념간장

$$376.7kcal$$

뿌리채소의 영양이 한가득
—
연근영양밥

재료 ☐ 찹쌀 1과 1/2큰술(20g) ☐ 현미쌀 3큰술(40g) ☐ 연근 1/5개(60g) ☐ 당근 1/6개(30g)
☐ 생표고버섯 1장(15g) ☐ 대추 3개(10g) ☐ 참기름 1작은술 ☐ 밥물 적당량

❶ 찹쌀과 현미는 씻어 찹쌀은 1시간, 현미는 3시간 이상 불린다.

❷ 연근과 당근, 버섯은 크기 0.5×0.5cm로 썰고 대추도 씻어 준비한다.

❸ 불린 현미와 찹쌀, 연근, 당근, 버섯, 대추와 참기름을 넣고 밥물을 부어 밥을 한다.

❹ 저염양념간장을 곁들여 먹는다.

TALK TALK DIET

• 무, 우엉, 연근 등의 뿌리채소는 항산화성분과 함께 섬유질이 많아 노폐물이나 독소 배출에 효과적입니다.
이와 함께 면역력 증가에 도움을 줘 다이어트에 좋은 식재료입니다.

• 연근영양밥의 밥물은 일반 쌀밥보다 약간 적은 듯 잡는 게 좋습니다.

현미채소김밥
양배추바나나주스

$$351.6kcal$$

식이섬유소가 많아 체중 감소에 효과적

현미채소김밥

재료 ☐ 현미밥 2/3공기(140g) ☐ 다진 채소피클 3큰술(45g) ☐ 당근 1/6개(30g) ☐ 깻잎 2장 ☐ 달걀 1개
☐ 참기름 · 통깨 1/2작은술씩 ☐ 김 2장 ☐ 올리브오일 · 소금 약간씩

❶ 채소피클은 잘게 다지고 물기를 짠다.

❷ 당근은 채 썰어 끓는 물에 살짝 데치고 깻잎은 씻어 물기를 뺀다.

❸ 볼에 달걀을 풀어 소금 1/4작은술을 넣고 오일 두른 팬에 지단을 부쳐 길게 썬다.

❹ 볼에 밥을 넣고 소금, 참기름과 통깨를 넣어 버무린다.

❺ 김에 ④의 밥을 펴고 깻잎과 피클, 당근, 지단을 얹어 돌돌 말아 김밥을 완성한다.

❻ ⑤의 김밥을 먹기 좋은 크기로 자른다.

TALK TALK DIET

● **김밥 싸는 요령** 먼저 김발 위에 김을 깔고 밥은 되도록 얇게 펴줍니다. 위에 손가락 한 마디 정도만 남겨놓고 밥을 편 뒤 중간 부분에 들어갈 속재료를 넣고 밥의 끝과 끝이 만나게 한 후 끝 부분을 눌러 단단히 말아줍니다.

현미채소김밥
양배추바나나주스

146.9kcal

신진대사를 위한 건강한 촉매제

양배추바나나주스

재료 ☐ 사과 1/2개(100g) ☐ 양배추 1장(35g) ☐ 바나나 1/2개(50g) ☐ 저지방우유 1/3컵

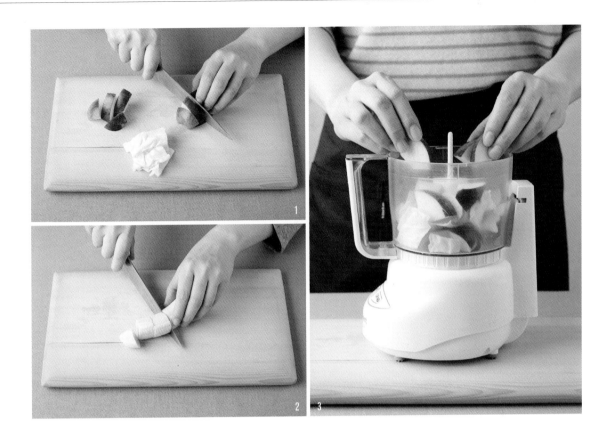

❶ 사과는 씨를 빼고 양배추와 함께 적당히 자른다.
❷ 바나나도 껍질을 벗겨 자른다.
❸ 믹서기에 사과, 양배추와 바나나, 우유를 넣어 갈아준다.

┌────────────────┐
TALK TALK DIET
└────────────────┘

● 몸의 신진대사가 활발해지면서 몸에 있는 노폐물과 독소가 줄고 면역 기능이 강화하는 주스입니다.
또한 장 기능 개선에 도움을 줄 뿐만 아니라 피부의 혈액순환에도 효과적입니다.
저녁 6시 이후 출출할 때 한 잔 만들어 먹어도 좋습니다.

현미밥
저칼로리육개장
브로콜리달걀샐러드

$$\boxed{69.2\text{kcal}}$$

다이어트를 위한 맞춤 영양식
—

저칼로리육개장

재료 ☐ 무 1/15개(100g) ☐ 고사리 2/3줌(30g) ☐ 대파 1/3대(25g) ☐ 숙주 1줌(50g) ☐ 다시마국물 4컵
☐ 간장 1큰술 ☐ 고춧가루 1작은술 ☐ 다진 마늘 · 소금 1/2작은술씩

❶ 무는 크기 2×2cm 두께 0.5cm 정도로 나박썰기를 한다.

❷ 고사리, 대파는 반 갈라 길이 5cm로 썰고 숙주도 길이 5cm 정도로 썬다.

❸ 다시마국물에 간장과 고춧가루, 무, 고사리, 대파를 넣고 10분 정도 끓인다.

❹ 숙주와 마늘, 소금을 넣고 2분 정도 더 끓인다.

┌─────────────────┐
│ TALK TALK DIET │
└─────────────────┘

● 다이어트를 하는데 육개장을 먹다니? 충분히 가능한 일이니 놀라지 마시기 바랍니다.
단 69.2kcal의 육개장은 무, 고사리, 숙주, 대파 등 저칼로리 식재료의 집합체이나
포만감은 가득해 다이어트에 좋은 한 끼 식사가 될 것입니다.

현미밥
저칼로리육개장
브로콜리달걀샐러드

167.6kcal

비타민C와 단백질의 조화

브로콜리달걀샐러드

재료 ☐ 브로콜리 1/3개(100g) ☐ 파프리카 1/5개(30g) ☐ 양파 1/10개(20g) ☐ 삶은 달걀 1개 ☐ 슬라이스아몬드 1/2큰술
발사믹소스 ☐ 발사믹식초 1큰술 ☐ 설탕 1/2작은술

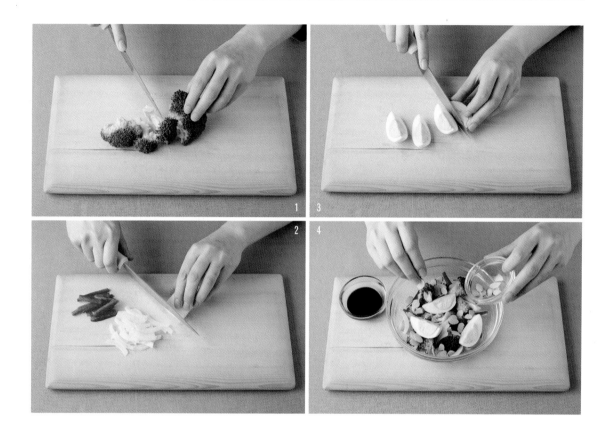

❶ 브로콜리는 한입 크기로 썬 뒤 살짝 데친다.
❷ 파프리카는 길이 4cm로 채 썰고, 양파도 비슷한 길이로 얇게 채 썰어 찬물에 헹궈 매운맛을 뺀다.
❸ 삶은 달걀은 4등분한다.
❹ ①~③의 재료를 담고 아몬드를 뿌린 다음 발사믹소스를 뿌려낸다.

TALK TALK DIET

● 발레리나 강수진이 거창한 다이어트 계획보다 매일 이것을 먹으라고 했지요.
바로 브로콜리입니다. 비타민 C가 풍부하고 항암성분이 많은 최고의 식품이지만 10분 이상 삶게 되면
모든 영양소가 파괴된다는 사실은 반드시 기억하시기 바랍니다.

현미밥
황태미역국
매콤두부양념조림

158.5kcal

과식을 막아주는 다이어트 반찬
—

매콤두부양념조림

재료 ☐ 두부 1/2모(150g)
양념 ☐ 고춧가루 · 다진 마늘 1/2작은술씩 ☐ 간장 2작은술 ☐ 꿀 1작은술 ☐ 물 4큰술

❶ 두부는 크기 3×4cm, 두께 0.7cm로 썬다.
❷ 냄비에 양념을 넣고 끓어오르면 ①의 두부를 넣는다.
❸ 두부를 뒤집어가며 조린다.

> TALK TALK DIET

● 다이어트를 할 때는 변비로 고생하기 쉬운데 두부에는 올리고당이 풍부해
변비에 좋고 소화흡수율도 뛰어납니다. 두부 약 100g의 열량은 84kcal 정도이며
80% 이상이 수분으로 포만감을 주고 과식을 막습니다.

나물볶음밥
저염양념간장

$$\boxed{384\text{kcal}}$$

열량은 낮고 영양은 풍부한

나물볶음밥

재료 ☐ 현미밥 2/3공기(140g) ☐ 당근 1/5개(40g) ☐ 고사리 2/3줌(50g) ☐ 취나물 · 콩나물 1/2줌씩(25g)
☐ 올리브오일 · 참기름 · 통깨 약간씩

❶ 당근은 길이 2cm로 채 썰고 고사리, 취나물, 콩나물은 각각 끓는 물에 1~2분 정도 데친 후 식혀 길이 2cm로 채 썬다.

❷ 팬에 오일을 두른 뒤 당근과 고사리를 볶다가 취나물, 콩나물 순서로 볶는다.

❸ 마지막에 밥과 참기름, 통깨를 넣어 고슬고슬하게 더 볶는다.

❹ 저염양념간장을 곁들여 먹는다.

TALK TALK DIET

● 각종 나물은 열량이 낮지만 비타민, 무기질 등 신진대사를 높이는 데 필요한 영양소가 많이 들어 있어
다이어트에도 효과적입니다. 냉장고에 먹다 남은 나물 무침을 밥에 넣어 간단히 볶아 먹어도 좋습니다.

● 삶은 취나물은 찬물에 씻어 10~15분간 찬물에 담가두면 쓴맛을 없앨 수 있습니다.

산채비빔밥
저염비빔고추장

$$\boxed{377.1\text{kcal}}$$

충분한 채소로 원활한 신진대사

—

산채비빔밥

재료 □ 현미밥 2/3공기(140g) □ 두부 1/3모(100g) □ 콩나물 · 취나물 1줌씩(50g) □ 고사리 1/3줌(30g)
저염비빔고추장 □ 고추장 1/2큰술 □ 꿀 · 통깨 · 참기름 1작은술씩 □ 물 2작은술

❶ 두부는 크기 1×1cm로 썰고 콩나물과 취나물, 고사리는 물에 씻은 후 길이 4cm로 썰어 체에 밭친다.

❷ 끓는 물에 두부는 1분, 콩나물, 취나물, 고사리는 각각 2분 정도 데친 다음 찬물에 헹궈 체에 밭친다.

❸ 그릇에 현미밥과 데친 두부, 콩나물, 취나물, 고사리를 담는다.

❹ ③에 저염비빔고추장을 분량대로 섞어 곁들인다.

┌──────────────────┐
　　 TALK TALK DIET
└──────────────────┘

● 이제 이 다이어트 식단의 큰 흐름을 파악하셨나요? 그 큰 흐름의 하나는 채소의 충분한 섭취를 통해
신체의 신진대사를 원활하게 하는 것입니다. 산채비빔밥도 그런 역할을 하는 대표적인 음식으로
현미밥과 함께 자주 만들어 먹으면 좋습니다.

잔치국수
사과생채무침

105kcal

장의 기능을 활성화하는
—
사과생채무침

재료 ☐ 사과 1/2개(100g) ☐ 양파 1/6개(30g) ☐ 당근 1/3개(15g) ☐ 치커리 5잎(25g)
양념 ☐ 간장 1큰술 ☐ 고춧가루 · 식초 1작은술씩 ☐ 다진 마늘 1/2작은술

❶ 사과는 조금 도톰하게 채 썰고 양파, 당근도 깨끗하게 씻은 뒤 얇게 채 썬다.

❷ 치커리는 깨끗하게 씻은 뒤 물기를 제거하여 큼직하게 썬다.

❸ 양파, 당근, 치커리를 분량의 양념에 섞은 뒤 마지막에 사과를 넣고 살살 버무려 완성한다.

TALK TALK DIET

● 사과에는 펙틴이라는 수용성 식이섬유소가 풍부하게 들어 있습니다. 이 성분은 장의 기능을 활발하게 해주어
변비를 예방하고 배변을 촉진합니다. 또 사과에 많이 들어 있는 유기산 종류인 사과산, 구연산, 주석산 등은
피로 회복 및 스트레스를 풀어주는 작용을 해 다이어트에 좋습니다.

현미밥
황태미역국
백태콩조림

$$\boxed{162.3kcal}$$

건강을 챙기는 다이어트의 시작

백태콩조림

재료(2인분) ☐ 백태콩 1/2컵(70g) ☐ 물 3컵 ☐ 통깨 약간
양념 ☐ 진간장 1큰술 ☐ 매실청 1/2큰술

❶ 백태콩은 전날 씻어 콩이 통통해질 때까지 2~3시간 불린다.

❷ 냄비에 불린 백태콩과 물 3컵을 넣어 30분 정도 끓인다. 콩물이 끓어오르면 거품은 걷어주며 뚜껑을 열고 끓인다.

❸ 냄비에 콩 삶은 물 1컵과 양념, 삶은 콩을 넣고 보통 불로 12분 정도 국물이 자작하도록 조린 다음 통깨를 솔솔 뿌려낸다.

TALK TALK DIET

● 콩은 혈당의 급격한 상승을 막아주기 때문에 과도한 인슐린 분비로 인해
포도당이 지방으로 저장되려는 성향을 낮추어 줘 다이어트에 도움이 됩니다.

● 콩이 한소끔 끓었을 때 올리브오일을 약간 넣으면 껍질과 콩이 분리되지 않아 음식이 지저분해지는 것을 막을 수 있습니다.

연근샐러드
두부구이와 간장
사과

150.5kcal

콜레스테롤을 관리하자

연근샐러드

재료 ☐ 연근 1/3개(100g) ☐ 양상추 3잎(105g) ☐ 치커리 3잎(15g) ☐ 베이비채소 1/3줌(3g)

오리엔탈드레싱 ☐ 간장 · 올리브오일 1큰술씩 ☐ 식초 1/2큰술 ☐ 설탕 · 깨소금 1/2작은술씩

❶ 연근을 얇게 두께 0.3cm로 썬다.
❷ 냄비의 끓는 물에 ①의 연근을 5분 정도 데치고 찬물에 헹구어 물기를 제거한다.
❸ 양상추, 치커리, 베이비채소를 깨끗하게 씻어 물기를 제거한다.
❹ 양상추와 치커리는 한입 크기로 뜯어 베이비채소와 함께 그릇에 담고 그 위에 연근과
분량의 재료를 섞은 드레싱을 뿌린다.

┌─────────────────┐
  TALK TALK DIET
└─────────────────┘

● 연근은 무기질과 식이섬유소 등이 풍부해 피부를 건강하게 하고 콜레스테롤 수치를 내리는 데 도움을 줍니다.
특히 다른 뿌리식물에 비해 항산화작용과 항암작용을 하는 비타민 C가 많으며, 항암성분으로 알려진 폴리페놀도 함유하고 있습니다.
● 연근 특유의 아린 맛이나 변색을 방지하려면 조리 전 찬물에 식초 2~3 방울과 함께 담가놓았다 쓰면 됩니다.

현미밥
콩비지김칫국
양배추찜

199.3kcal

식물성 단백질의 보고

콩비지김칫국

재료 ☐ 콩비지 1컵 ☐ 송송 썬 김치 4큰술(50g) ☐ 국간장 1/2큰술 ☐ 대파 1/3대(25g) ☐ 참기름 약간
국물재료 ☐ 국물용 멸치 10g ☐ 물 3컵

❶ 냄비에 국물재료를 넣고 15분 동안 뚜껑을 열고 끓인 후 멸치는 건져낸다.

❷ 김치는 물에 헹궈 짠 맛을 빼고 폭 1cm로 썰어 참기름에 1분간 살짝 볶는다.

❸ 볶은 김치에 ①의 국물을 넣고 끓이다가 마지막에 콩비지를 넣어 10분 정도 더 끓인다.

❹ 국간장으로 간을 한 후 대파를 송송 썰어 넣고 1분 정도 더 끓여 완성한다.

TALK TALK DIET

● 콩비지는 식물성 단백질의 함량이 높아 육식의 섭취가 부족한 채식주의자나 다이어트를 하는 사람에게
양질의 단백질을 공급해주는 우수한 식품입니다. 식이섬유소를 다량 함유하여 변비를 예방하는 효과도 있습니다.

현미밥
황태미역국
두부김치

영양 많은 두부는 단품으로 먹기에 다소 심심해 김치를 곁들이면 좋습니다.
김치의 짜고 매운 맛을 개선한 다이어트용 두부김치입니다.

$$154.5kcal$$

영양과 맛의 훌륭한 조화

두부김치

재료 ☐ 두부 1/3모(100g) ☐ 김치 5줄(50g) ☐ 양파 1/6개(30g)
☐ 당근 1/13개(15g) ☐ 올리브오일 약간

❶ 두부는 끓는 물에 데친 다음 크기 2×4cm, 두께 0.7cm 크기로 썬다.
❷ 김치는 씻은 뒤 채 썰고 양파와 당근도 곱게 채 썬다.
❸ 팬에 오일을 조금 두르고 김치, 양파, 당근을 넣어 볶는다.
❹ ①의 두부에 ③의 볶은 김치를 올려 먹는다.

2 WEEK

4주 다이어트 식단

비타민은 직접적인 에너지원은 아니지만, 신체 각 기관의 기능을 조절하고
신경을 안정시키며 두뇌 활동에 관여한다. 또 비타민은
탄수화물, 지방, 단백질의 효율적인 이용을 가능하게 한다.
비타민 및 무기질 섭취가 부족하지 않도록 채소, 과일 등의 음식을 다양하게
섭취해야 더 건강한 다이어트를 할 수 있다.
다이어트 후 생기기 쉬운 근육 손실을 단백질의 공급으로 막고
동시에 비타민과 무기질 등의 영영소를 강화해 요요현상 없는
다이어트를 가능하게 하는 2주차 다이어트 식단이다.

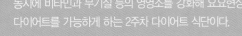
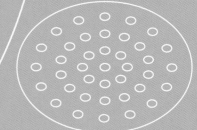

2주차 다이어트 식단

2 WEEK	아 침	점 심	저 녁	칼로리 단위 (kcal)
1DAY	호밀토스트 스크램블에그 저지방우유 토마토치커리샐러드	굴무밥 저염양념간장	현미땅콩죽 닭고기채소전	1281.6
	397.3	379.8	504.5	
2DAY	삶은 감자 오렌지치킨샐러드 저지방우유	토마토스파게티 채소피클	현미밥 돌나물달걀말이 오이무침	1273.9
	396.5	427.4	450	
3DAY	호밀토스트 스크램블에그 저지방우유 토마토치커리샐러드	현미주먹밥 두부스테이크	굴무밥 저염양념간장	1263.7
	397.3	486.6	379.8	
4DAY	삶은 감자 오렌지치킨샐러드 저지방우유	콩나물밥 저염양념간장	부추닭가슴살전 닭가슴살냉채	1211.2
	396.5	373.7	441	
5DAY	호밀토스트 스크램블에그 저지방우유 토마토치커리샐러드	현미토마토리소토 채소피클	닭가슴살샌드위치 오렌지주스	1297.3
	397.3	415.3	484.7	
6DAY	삶은 감자 오렌지치킨샐러드 저지방우유	닭고기카레라이스 돌나물유자샐러드	현미밥 토마토달걀볶음	1211.7
	396.5	440.2	375	
7DAY	호밀토스트 스크램블에그 저지방우유 토마토치커리샐러드	현미밥 콩나물굴국 두부김치	닭고기숙주볶음밥 자몽주스	1295.3
	397.3	454.3	443.7	

397.3kcal

☐ 호밀토스트 ☐ 스크램블에그 ☐ 저지방우유 ☐ 토마토치커리샐러드

포만감은 충분하면서 칼로리는 적은 토마토치커리샐러드와 스크램블에그, 그리고 토스트와 저지방우유가
함께하는 2주차 1 · 3 · 5 · 7일의 아침식사입니다. 탄수화물과 단백질, 비타민까지 고른 영양을 취할 수 있어 좋습니다.
굳이 다이어트를 하지는 않지만 간편식을 찾는 사람들에게도 환영받을 만합니다.

● **호밀토스트(35g)** 갓 구운 호밀토스트의 입안 가득 퍼지는 구수한 풍미가 일품입니다.
● **스크램블에그(96g)** 칼로리를 낮추기 위해서는 달걀에 우유 대신 물을 넣으면 됩니다(만드는 법: p33).
● **저지방우유(1컵)**
● **토마토치커리샐러드(1인분)** 다이어트 최고의 식품이라는 토마토를 주재료로 만든 샐러드입니다.
다이어트를 할 때 토마토는 조리 방법을 달리해서 자주 먹는 것이 좋습니다(만드는 법: p86).

396.5kcal

☐ 삶은 감자 ☐ 저지방우유 ☐ 오렌지치킨샐러드

성공적인 다이어트를 위해 과식하지 않으면서 꼬박꼬박 아침을 거르지 않는 것은 매우 중요합니다.
영양 균형이 잘 갖춰진 한 끼로 건강식이지만 맛도 뒤지지 않는 아침식사,
삶은 감자와 저지방우유, 오렌지치킨샐러드로 구성된 2주차 2·4·6일 아침식사를 소개합니다.

● **삶은 감자(150g)** 감자를 깨끗이 씻어 큼직하게 썬 다음 찜기에 물을 넣고 삶습니다.
감자는 대장에 좋은 균 생성을 도와주고 장 운동을 활발하게 해 아침식사에 좋습니다.
● **저지방우유(1컵)**
● **오렌지치킨샐러드(1인분)** 다이어트도 하고 입맛 살리기에도 좋은 상큼한 샐러드로 포만감이 상당해 점심까지 허기지지 않습니다.
과일은 오렌지 대신 토마토를 넣어도 좋습니다(만드는 법: p94).

호밀토스트
스크램블에그
저지방우유
토마토치커리샐러드

$$\boxed{39.9\text{kcal}}$$

100g당 14kcal, 토마토의 위력
—
토마토치커리샐러드

재료 ☐ 토마토 1/2개(100g) ☐ 치커리 5잎(25g) ☐ 파프리카 1/8개(20g)
발사믹소스 ☐ 발사믹식초 1큰술 ☐ 설탕 1/2작은술

❶ 토마토는 웨지 모양으로 썬다.
❷ 치커리는 깨끗하게 씻어 물기를 제거한 뒤 큼직하게 썬다.
❸ 파프리카는 길쭉하게 채 썬다.
❹ 치커리, 토마토, 파프리카를 그릇에 담고 드레싱을 뿌린다.

TALK TALK DIET

● 토마토는 최고의 다이어트 식품 중 하나입니다. 100g당 14kcal로 그 자체의 열량도 낮지만
토마토를 소화시키는 데 필요한 에너지까지 고려하면 거의 무열량의 식품이라고 할 수 있을 정도입니다.
그러나 위가 약하거나 장 기능이 원활하지 않은 사람이라면 토마토를 너무 많이 먹는 것은 좋지 않습니다.

굴무밥
저염양념간장

 굴은 단백질, 아연, 철분 등 여러 가지 영양소가 풍부하고
무에 함유되어 있는 풍부한 식물성 섬유소는 장내의 노폐물을
빠르게 제거해 줍니다. 🙶🙶

358.1kcal

장내 노폐물을 제거해주는

굴무밥

재료 ☐ 쌀 1/3컵(60g) ☐ 생굴 1/2컵(100g) ☐ 당근 1/13개(15g) ☐ 무 1/15개(100g) ☐ 참기름 1작은술 ☐ 밥물 적당량

❶ 쌀은 30분 정도 불리고 굴은 약한 소금물에 흔들어 2~3번 씻어 물기를 빼준다.

❷ 당근과 무는 길이 3~4cm, 두께 0.5cm로 채 썬다.

❸ 냄비에 밥물을 쌀과 1:1로 잡고 당근과 무, 참기름을 넣은 뒤 뚜껑을 덮어 약한 불로 15분 끓이다가 굴을 넣고
5분 정도 더 끓여 굴무밥을 완성한다.

❹ 저염양념간장을 곁들여 먹는다.

현미땅콩죽

닭고기채소전

244kcal

고소하고 부드러운 식감
—
현미땅콩죽

재료 ☐ 현미쌀 2큰술(20g) ☐ 쌀 3큰술(30g) ☐ 땅콩 15알(20g) ☐ 물 2컵 ☐ 소금 약간

❶ 현미는 3시간, 쌀은 30분 정도 물에 불린다.

❷ 땅콩은 믹서에 넣고 입자가 있도록 갈아준다.

❸ 현미와 쌀, 물 1컵을 믹서기에 갈아준다.

❹ ③과 물 1컵을 함께 냄비에 넣고 약한 불에서 저어가며 10분 정도 끓인다.

❺ 쌀이 퍼지면 ②의 다진 땅콩을 넣어 2분 정도 더 끓이고 소금으로 간한다.

TALK TALK DIET

● 죽 다이어트는 무조건 절식이 아니라 먹으면서 할 수 있는 다이어트의 대표주자입니다.

특히 현미에 들어 있는 식이섬유소는 당분이 서서히 흡수돼 다이어트에 효과적입니다.

수용성과 불용성 식이섬유소가 모두 들어 있어 변비에 좋고 쌀겨층과 배아에는 리놀레산이 많아 동맥경화나 노화 방지에도 좋습니다.

● 물은 쌀 분량의 6배 정도 잡아주는 것이 좋습니다.

● 땅콩을 너무 오래 갈면 덩어리가 되어버리므로 살짝만 갈아줍니다.

현미땅콩죽
닭고기채소전

$$\boxed{260.5kcal}$$

열량이 낮은 전을 찾는다면

닭고기채소전

재료 ☐ 닭가슴살 1/2토막(50g) ☐ 두부 1/6모(50g) ☐ 당근 1/10개(20g) ☐ 양파 1/5개(40g)
☐ 밀가루 1큰술 ☐ 달걀 1개 ☐ 올리브오일 약간

❶ 닭가슴살은 곱게 다진다.

❷ 두부는 칼등으로 으깬 다음 면보에 물기를 제거하고 당근, 양파는 잘게 다진다.

❸ ①~②를 섞고 여기에 밀가루를 넣어 동그랗게 모양을 만든다.

❹ 작은 볼에 달걀을 깨서 넣고 풀어준 다음 ③을 달걀에 넣었다가 건진다.

❺ 예열된 팬에 오일을 두르고 ④를 넣어 1분 30초간 굽다가 뒤집어 1분간 더 굽는다.

TALK TALK DIET

● 닭가슴살과 두부를 이용한 고단백의 대표적인 다이어트 전입니다. 닭가슴살은 살이 두껍고 윤기가 흐르며 탄력이 있는 것이 좋습니다.
살이 너무 흰 것은 오래된 닭이므로 되도록이면 엷은 분홍빛이 나는 것을 고릅니다.

● 양파를 많이 넣는 것이 맛있습니다.

삶은 감자
오렌지치킨샐러드
저지방우유

217.5kcal

면역기능 강화에 도움을 주는

오렌지치킨샐러드

재료 ☐ 닭가슴살 1토막(100g) ☐ 저지방우유 1/2컵(100ml) ☐ 베이비채소 1줌(10g) ☐ 오렌지 1개(200g)
☐ 소금 · 후추 · 올리브오일 약간씩
드레싱 ☐ 발사믹식초 · 올리브오일 1큰술씩

❶ 닭가슴살은 우유에 1시간 정도 재워둔 후 소금, 후추로 밑간을 한다.
❷ 베이비채소는 깨끗하게 씻어 물기를 제거한다.
❸ 팬에 오일을 넣어 닭가슴살을 구운 후 먹기 좋게 썬다.
❹ 오렌지는 결대로 큼직하게 썬다.
❺ 베이비채소와 오렌지, 닭가슴살을 버무린 후 그릇에 담고 드레싱을 뿌린다.

TALK TALK DIET

● 영양 면에서 상호보완적인 오렌지와 닭가슴살의 조합입니다.
오렌지는 감기 예방, 피부 미용에 탁월하며 비타민C가 풍부하여 항산화작용이 뛰어납니다. 면역기능 강화에도 도움을 줍니다.
오렌지 속의 플라본 화합물질은 콜레스테롤 수치를 저하시키며 혈압을 내리는 작용에 도움이 됩니다.

토마토스파게티
채소피클

“ 활동량이 많은 점심에는 스파게티 같은 별식으로
한번쯤 기분 전환을 시켜주는 것이 진정한 다이어트 센스입니다.
300대의 칼로리라면 도전해볼 만합니다. ”

397.6kcal

활동량이 많은 오후를 책임지는

—

토마토스파게티

재료 ☐ 토마토 2개(400g) ☐ 양파 · 파프리카 1/4개씩(50g) ☐ 스파게티면 1인분(70g) ☐ 소금 · 올리브오일 약간씩

—

❶ 토마토는 십자 모양으로 칼집을 내고 끓는 물에 살짝 데쳐 찬물에 헹궈 껍질을 벗긴 뒤 잘게 다진다.

❷ 양파와 파프리카는 크기 0.5×0.5cm로 잘게 썬다.

❸ 끓는 물에 면과 소금 1작은술, 오일 1작은술을 넣고 8분 정도 삶는다.

❹ 오일을 두른 팬에 토마토, 양파, 파프리카를 넣어 볶으면서 5분 정도 끓인다.

❺ ④의 완성된 소스에 소금과 삶은 면을 넣고 면 삶은 물(면수)을 조금씩 넣어가며 2분 정도 맛이 들도록 볶는다.

현미밥
돌나물달걀말이
오이무침

183.8kcal

풍부한 비타민C로 지친 몸에 활기를
—
돌나물달걀말이

재료 ☐ 돌나물 1/2줌(20g) ☐ 달걀 2개 ☐ 저지방우유 1큰술 ☐ 소금 · 올리브오일 약간씩

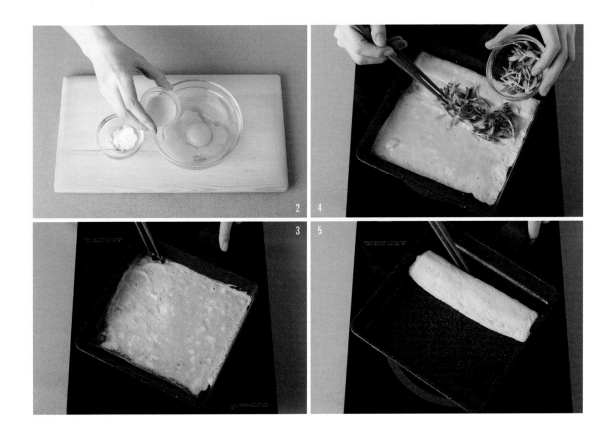

❶ 돌나물은 깨끗하게 씻어 물기를 제거한다.

❷ 볼에 달걀을 풀고 우유와 소금을 넣는다.

❸ 약한 불에 팬을 올려 오일을 조금 넣은 후 달걀물의 1/2을 붓고 팬을 돌려가며 달걀물을 편다.

❹ 달걀의 겉면이 70% 정도 익으면 달걀 위에 ①의 돌나물을 올린다.

❺ 달걀이 서서히 익으면 돌나물을 충분히 감싸면서 달걀을 둥글게 말아준다.

❻ 나머지 달걀을 부어 둥글게 말아 한 김 식으면 한입 크기로 썬다.

TALK TALK DIET

● 돌나물에는 비타민C가 많고 칼슘, 인이 풍부해 몸이 활기를 찾는 데 도움을 줍니다.
여기에 단백질이 풍부한 달걀을 더해 영양의 균형을 맞춘 돌나물달걀말이입니다. 주로 생채로 먹는 돌나물은
식중독균이나 잔류 농약을 제거하기 위해 물에 담갔다가 흐르는 수돗물에 3회 이상 깨끗이 씻은 후 조리하는 것이 좋습니다.

현미밥
돌나물달걀말이
오이무침

66.2kcal

푸석한 피부에 생기가 돋는다
—
오이무침

재료 ☐ 오이 1/2개(100g) ☐ 양파 1/8개(25g)
양념 ☐ 고추장 1/2큰술 ☐ 마늘 1/4작은술 ☐ 매실청 · 식초 1/2작은술씩 ☐ 통깨 1/2작은술 ☐ 소금 약간

❶ 오이는 동글동글하게 두께 2mm로 썰고 양파도 두께 2mm로 썬다.

❷ 큰 볼에 양념을 넣어 섞는다.

❸ ②에 오이와 양파를 넣어 버무린다.

⎡ TALK TALK DIET ⎤

• 100g당 9kcal의 저열량을 자랑하는 오이입니다. 오이를 얼굴 마사지에 주로 썼다면 이제는 다이어트에 열심히 이용할 차례입니다.
오이는 특히 다이어트를 할 때 부족해질 수 있는 수분을 보충할 수 있는 좋은 식품입니다.

현미주먹밥
두부스테이크

$$301.2kcal$$

영양 가득한 간편밥
—
현미주먹밥

재료 ☐ 현미밥 2/3공기(140g) ☐ 파프리카 1/5개(40g) ☐ 달걀 1개 ☐ 김가루 · 소금 약간씩
배합초 ☐ 식초 1큰술 ☐ 설탕 1작은술 ☐ 소금 1/2작은술

❶ 현미는 밥을 지어 따뜻할 때 배합초를 넣어 비빈다.

❷ 파프리카는 크기 0.3×0.3cm로 잘게 다진다.

❸ 볼에 소금을 약간 넣고 달걀을 풀어 팬에 스크램블로 고슬고슬하게 볶는다.

❹ 볼에 현미밥과 파프리카, 달걀을 넣고 버무려 동그랗게 모양을 만든 후 김가루에 무쳐낸다.

┌─────────────────────┐
│ TALK TALK DIET   │
└─────────────────────┘

● 다이어트를 할 때는 탄수화물을 피해야 한다고 생각하는 이들도 많습니다. 하지만 작은 주먹밥이라면 양이 정해져 있기 때문에
과식을 할 걱정도 없고 만드는 과정도 간단해 좋습니다. 이동을 하면서 먹을 수도 있고요.
현미밥에 달걀과 파프리카 등을 넣어 만든 주먹밥으로 건강한 다이어트에 도전해보세요.

현미주먹밥
두부스테이크

185.4kcal

부족하기 쉬운 단백질을 채우자
—
두부스테이크

재료 ☐ 두부 1/2모(150g) ☐ 당근 1/10개(20g) ☐ 양파 1/5개(40g) ☐ 팽이버섯 1/2줌(30g)
☐ 간장 1작은술 ☐ 다진 마늘 1/2작은술 ☐ 소금 · 올리브오일 약간씩

❶ 두부는 크기 2×4cm, 두께 0.7cm로 썰어 키친타올에 올려 소금을 약간 뿌리고 물기를 흡수시킨다.

❷ 당근과 양파는 길이 3cm로 얇게 채 썰고 버섯은 1/2등분한다.

❸ 달군 팬에 오일 2작은술을 넣고 보통 불로 두부를 노릇노릇하게 굽는다.

❹ 오일을 두른 팬에 당근, 양파를 볶다가 간장, 마늘을 넣고 간을 한 다음 마지막에 버섯을 넣어
빠르게 저어준 뒤 불에서 내린다.

❺ 노릇하게 구운 두부 위에 ④의 재료를 올려 담아 완성한다.

TALK TALK DIET

● 바쁘다보면 음식을 만들면서 사소해 보이는 한 가지 과정쯤은 생략하고 후다닥 만드는 경우도 많습니다.
그러나 두부를 부칠 때 물기를 빼는 과정은 절대 생략하지 않는 것이 좋습니다.
부침용 기름에 반응하여 기름이 튀거나 두부의 뭉침이 풀어져 모양이 나빠질 수 있기 때문입니다.

● 팽이버섯은 여열로만 익혀줍니다. 너무 오래 볶으면 질겨집니다.

콩나물밥
저염양념간장

$$352kcal$$

비타민이 풍부한 별미밥
—
콩나물밥

재료 ☐ 쌀 1/3컵(60g) ☐ 콩나물 2줌(100g) ☐ 당근 1/10개(20g) ☐ 달걀 1개 ☐ 올리브오일 약간 ☐ 밥물 적당량

❶ 콩나물은 깨끗하게 씻어 체에 밭쳐 물기를 빼고 당근은 얇게 채 썬다.
❷ 냄비에 불린 쌀과 콩나물, 당근을 올려준 뒤 밥을 짓는다. 밥물은 쌀밥보다 약간 적게 잡고
냄비밥의 경우 보통 불에 3분, 약한 불에 7분 정도 두고 5분 정도 뜸을 들인다.
❸ 달군 팬에 오일을 넣어 달걀프라이를 한 뒤 콩나물밥 위에 올린다.
❹ 저염양념간장으로 간을 한다.

TALK TALK DIET

● 콩나물은 저칼로리 식품이면서 포만감은 커 다이어트 식품으로는 최고라 할 수 있습니다.
유리아미노산인 아스파라긴산과 식이섬유소가 풍부하며 비타민B와 C도 많아 기미나 주근깨 등의 원인이 되는 멜라닌색소의 활동을
막아주고 피부를 매끄럽게 만들어 줍니다. 또 콩나물을 꾸준히 먹으면 체내의 호르몬 밸런스를 바로 잡아서
여성들의 생리증후군을 완화하는 데도 도움이 됩니다.
● 뜸은 쌀밥을 지을 때보다 넉넉히 둡니다.

부추닭가슴살전
닭가슴살냉채

$$289.7kcal$$

해독 부추의 향연

부추닭가슴살전

재료 ☐ 닭가슴살 1/2토막(50g) ☐ 부추 1줌(50g) ☐ 양파 1/10개(20g) ☐ 밀가루 1큰술 ☐ 올리브오일 약간
반죽양념 ☐ 달걀 1개 ☐ 참기름 1작은술 ☐ 소금 · 후추 약간씩

❶ 닭가슴살은 크기 0.5×0.5cm로 잘게 썬다.

❷ 부추는 깨끗이 씻어 길이 1cm로 썰고 양파는 크기 0.5×0.5cm로 잘게 썬다.

❸ 볼에 부추와 닭가슴살을 넣고 밀가루 1큰술을 넣어 버무린 다음 반죽양념을 넣어 골고루 섞는다.

❹ 팬을 뜨겁게 달군 다음 오일을 약간 두르고 ③의 반죽을 떠서 지름 6cm 정도로 동그랗게 전을 지진다.

TALK TALK DIET

● 부추는 우리 몸의 독소와 나트륨을 배출시키는 데 탁월해 다이어트에 아주 효과적입니다.
몸을 따뜻하게 하고 수족냉증이나 생리통 등에도 좋아 특히 여성들이 많이 먹으면 좋습니다.
약간 퍽퍽할 수 있는 닭가슴살의 맛을 부추가 완화시켜 줍니다.

부추닭가슴살전
닭가슴살냉채

$$151.3kcal$$

다이어트 음식의 영원한 고전

닭가슴살냉채

재료 ☐ 닭가슴살 1토막(100g) ☐ 오이 1/4개(50g) ☐ 당근1/10개(20g) ☐ 양파 1/6개(30g)

겨자소스 ☐ 연겨자 1작은술 ☐ 식초 1큰술 ☐ 설탕 1/2작은술 ☐ 소금 약간

❶ 냄비에 닭가슴살이 잠길 정도의 물을 넣고 10분 정도 삶는다.

❷ 삶아낸 닭가슴살은 한 김 식힌 뒤 먹기 좋게 찢는다.

❸ 오이, 당근. 양파는 두께 0.5cm, 길이 5cm 정도로 채 썰고 양파는 찬물에 담가 매운 맛을 뺀다.

❹ 볼에 닭가슴살과 채 썬 채소를 담고 겨자소스를 넣어 버무린다.

TALK TALK DIET

● 닭가슴살과 오이, 당근, 양파를 이용한 샐러드식 냉채입니다. 오이와 양파 대신 파프리카나 무순을 넣기도 하고
약간 색다른 맛을 원한다면 게맛살을 넣기도 합니다. 닭가슴살을 삶고 집에 있는 채소를 썰어 겨자소스에 함께 버무리면 되는 간편식입니다.

현미토마토리소토
채소피클

$$385.5kcal$$

현미와 토마토의 상큼한 조화

현미토마토리소토

재료 ☐ 현미밥 2/3공기(140g) ☐ 토마토 2개(400g) ☐ 양파 1/4개(50g) ☐ 파프리카 1/8개(25g)
☐ 체다슬라이스치즈 1장(20g) ☐ 소금 1/4작은술 ☐ 올리브오일 · 베이비채소 약간씩

❶ 토마토는 십자 모양으로 칼집을 내어 끓는 물에 10초 정도 데치고 찬물에 담가 껍질을 벗긴 뒤 잘게 썬다.

❷ 양파와 파프리카는 크기 0.5×0.5cm로 잘게 썬다.

❸ 냄비에 오일을 약간 두르고 토마토, 양파, 파프리카를 보통 불에서 3분 정도 볶는다.

❹ ③의 토마토소스에 현미밥과 소금을 넣고 보통 불에서 2분 정도 볶다가 치즈를 넣어 여열로 섞는다.

❺ ④의 리소토를 그릇에 옮긴 뒤 베이비채소를 올린다.

TALK TALK DIET

● 리소토(risotto)는 쌀을 버터나 올리브오일에 살짝 볶은 뒤 육수를 붓고 채소, 향신료, 고기 등의 부재료를 넣어
졸여낸 이탈리아 쌀요리입니다. 현미토마토리소토는 현미밥을 이용해 만든 다이어트 리소토로
만들기도 쉽지만 누가 만들어도 맛의 차이가 많지 않은 음식이기도 합니다.

닭가슴살샌드위치
오렌지주스

404.7kcal

혈당지수가 낮은 호밀빵을 먹자

닭가슴살샌드위치

재료 ☐ 호밀식빵 2쪽(70g) ☐ 닭가슴살 1토막(100g) ☐ 토마토 1개(200g) ☐ 양파 1/6개(30g) ☐ 양상추 1잎(35g)
☐ 베이비채소 1/2줌(5g) ☐ 머스터드 1큰술 ☐ 소금 · 후추 약간씩

❶ 닭가슴살은 끓는 물에 7분 정도 삶아낸 뒤 큼직하게 뜯어 소금, 후추로 간을 한다.

❷ 토마토와 양파는 원형으로 얇게 썬다.

❸ 양상추와 베이비채소는 깨끗하게 씻어 물기를 제거한다.

❹ 호밀식빵 한쪽 면에 머스터드를 바르고 양상추, 닭가슴살, 토마토, 양파, 베이비채소를 순서대로 얹은 후
머스터드를 바른 호밀식빵을 덮어 완성한다.

TALK TALK DIET

● 호밀빵은 독일을 대표하는 빵으로 식이섬유소가 풍부하고 혈당지수가 낮아 오랜 시간 포만감을 느낄 수 있는 등 다이어트에 도움이
됩니다. 다이어트를 하는 기간, 빵을 섭취한다면 밀가루빵보다 호밀빵을 선택하는 것이 좋습니다.

닭고기카레라이스
돌나물유자샐러드

" 건더기를 많이 넣어 식사 시간을 길게 하고
포만감을 주는 대신 밥은 조금 적게 먹는 것이
다이어트에 도움이 됩니다. "

312.8kcal

허기지지 않는 한 끼가 중요하다

닭고기카레라이스

재료 □ 현미밥 1/2공기(100g) □ 닭가슴살 1/2토막(50g) □ 감자 1/5개(30g) □ 양파 · 당근 1/5개씩(40g) □ 물 1컵
□ 카레가루 3큰술 □ 올리브오일 · 소금 약간씩

❶ 닭가슴살은 크기 1×1cm로 썬다.

❷ 감자, 양파, 당근은 같은 크기로 깍둑썰기로 썬다. 전자레인지에 감자와 당근을 넣고
잠길 정도로 물을 부어 5분 정도 돌려 50% 정도 익혀준다.

❸ 팬에 오일을 두르고 닭가슴살과 양파를 볶다가 어느 정도 익으면 감자, 당근을 넣어 볶는다.

❹ 볶은 닭고기와 채소에 물을 붓고 카레가루를 넣어 저으며 끓이고 부족한 간은 소금으로 약하게 조절한다.

❺ 현미밥에 ④를 얹어 먹는다.

닭고기카레라이스
돌나물유자샐러드

" 유자청의 은은한 향이 퍼지는 샐러드입니다.
비타민C와 무기질이 풍부해 피로 회복을 돕고
카레라이스의 텁텁함을 한 방에 날려줄 것입니다. "

$$127.4\text{kcal}$$

피로 회복을 위한 샐러드

—

돌나물유자샐러드

재료 ☐ 돌나물 1줌(40g) ☐ 양상추 2잎(70g) ☐ 파프리카 1/7개(25g)

유자드레싱(2회 분량) ☐ 유자청 2작은술 ☐ 올리브오일 1큰술 ☐ 식초 2큰술 ☐ 소금 약간

❶ 돌나물과 양상추는 깨끗하게 씻어 물기를 제거한다.

❷ 양상추는 먹기 좋게 찢고 파프리카는 크기 1×1cm로 썬다.

❸ 돌나물과 양상추를 섞어 담고 그 위에 파프리카를 올린 뒤 드레싱을 뿌린다.

현미밥
토마토달걀볶음

175kcal

궁합이 좋은 달걀과 토마토의 만남

토마토달걀볶음

재료 ☐ 방울토마토 8알(100g) 또는 토마토 1/2개(100g) ☐ 달걀 2개 ☐ 저지방우유 또는 물 2큰술
☐ 쪽파 또는 파슬리가루 · 올리브오일 · 소금 · 후추 약간씩

❶ 방울토마토는 1/4등분한다.

❷ 팬에 달걀과 우유 또는 물 2큰술, 소금과 후추를 넣어 잘 풀어주고 보통 불에 저어가며 부드럽게 스크램블을 만든다.

❸ ①의 토마토를 달군 팬에 올려 오일을 넣고 10초 정도 살짝 볶은 뒤 ②의 달걀스크램블과 섞는다.

❹ ③에 소금과 후추로 약하게 간하고 쪽파 또는 파슬리가루를 뿌린다.

TALK TALK DIET

● 단백질, 탄수화물, 지방, 무기질 등이 들어 있는 달걀과 비타민C, 무기질이 풍부한 토마토가
궁합을 이루는 토마토달걀볶음입니다. 간단하게 만들 수 있는 다이어트식으로 달걀은 팬에 올리자마자 저어주고
보통 불에서 스크램블을 하는 것이 중요합니다.

현미밥
콩나물굴국
두부김치

$$\boxed{99.8\text{kcal}}$$

다이어트를 할 때 부족하기 쉬운 칼슘의 보충

콩나물굴국

재료 ☐ 콩나물 2줌(100g) ☐ 굴 1/2봉(70g) ☐ 부추 3줄기(10g) ☐ 국간장 1작은술
국물재료 ☐ 다시마 5×5㎝ 1장 ☐ 물 3컵

❶ 냄비에 국물재료를 넣고 끓어오르면 5분 정도 더 끓인 다음 다시마는 건진다.

❷ 콩나물은 씻어 체에 밭치고 굴은 소금물에 2~3회 정도 씻어 체에 밭친다. 부추는 길이 1cm로 썬다.

❸ ①의 국물에 콩나물을 넣고 뚜껑을 덮어 3분 정도 끓인다.

❹ ③의 국에 굴을 넣고 2분 정도 더 끓인 다음 국간장을 넣어 간을 하고 부추를 넣는다.

```
TALK TALK DIET
```

● 굴은 100g당 97kcal로 칼로리가 낮습니다. 다이어트를 할 때는 굴 자체보다 양념의 칼로리가 중요합니다.
따라서 살 빼기에 도전한다면 생굴을 초고추장에 찍어 먹는 것보다 국을 끓여 먹는 것이 좋습니다.
굴은 식이조절을 할 때 부족해지기 쉬운 칼슘을 보충할 수 있어 다이어트에 도움을 줄 수 있습니다.

닭고기숙주볶음밥
자몽주스

$$363.7kcal$$

고소한 끝 맛이 일품
—

닭고기숙주볶음밥

재료 ☐ 현미밥 2/3공기(140g) ☐ 닭가슴살 1/2토막(50g) ☐ 숙주 1줌(50g) ☐ 양파·당근 1/5개씩(40g)
☐ 파프리카 1/8개(20g) ☐ 올리브오일·소금·후추 약간씩 ☐ 저염양념간장 1큰술

❶ 닭가슴살은 크기 1×1cm로 썰고 소금, 후추를 뿌려 밑간한다.

❷ 숙주는 깨끗하게 씻어 물기를 제거한다.

❸ 양파와 파프리카는 크기 0.5×0.5cm로 썰고 당근은 크기 0.3×0.3cm로 썬다.

❹ 팬에 오일을 넣고 닭가슴살을 넣어 2분 정도 볶다가 양파와 당근을 넣어 1분 정도 더 볶은 후 파프리카를 넣어 1분 정도 볶는다.

❺ ④에 현미밥과 저염양념간장 1큰술을 넣어 볶다가 마지막에 숙주를 넣어 볶은 후 마무리한다.

TALK TALK DIET

● 숙주는 식이섬유소가 풍부하고 열량이 낮으며 지방대사에 관여하는 비타민B_2가 함유되어 있어 다이어트 중인 사람들에게 좋은 식재료입니다. 또한 비타민C, 비타민B_6 등의 성분도 풍부합니다.

3 WEEK

4 주 다 이 어 트 식 단

식이섬유소가 풍부한 식품군에는 비타민이나 무기질도 많아 우리 몸의 대사와 활력을 높인다.
뿐만 아니라 혈중 콜레스테롤을 낮추고 배변량을 증가시켜 대장을 청소해주는 효과가 있다.
다이어트를 할 때 가장 많이 나타나는 문제가 변비인데 이를 예방하기 위해
3주차 식단에서는 식이섬유소가 풍부한 버섯, 채소류와 함께 해초, 미역 등 해조류의 비중을 높였다.

3주차 다이어트 식단

3 WEEK	아 침	점 심	저 녁	칼로리 단위 (kcal)
1DAY	호밀빵 삶은 달걀 저지방우유 유자드레싱샐러드	현미밥 쇠고기샤브샤브국 채소피클	버섯채소죽 두부다시마말이	1291.7
	394	483.9	413.8	
2DAY	삶은 고구마 스페니시오믈렛 채소스틱	현미밥 견과류멸치볶음 배추버섯말이	표고버섯영양밥 저염양념간장	1236.2
	353.2	484.3	398.7	
3DAY	호밀빵 삶은 달걀 저지방우유 유자드레싱샐러드	현미밥 꽁치양념구이 채소피클	현미밥 배추두부된장국 연두부샐러드	1235.9
	394	447	394.9	
4DAY	삶은 고구마 스페니시오믈렛 채소스틱	날치알채소밥 채소피클	버섯채소죽 두부김치	1212.1
	353.2	406.5	452.4	
5DAY	호밀빵 삶은 달걀 저지방우유 유자드레싱샐러드	현미밥 날치알달걀찜 상추깻잎겉절이	무순연두부비빔밥 채소피클	1235.7
	394	451.2	390.5	
6DAY	삶은 고구마 스페니시오믈렛 채소스틱	표고버섯영양밥 저염양념간장	현미밥 버섯불고기 다시마샐러드	1233.5
	353.2	398.7	481.6	
7DAY	호밀빵 삶은 달걀 저지방우유 유자드레싱샐러드	현미밥 배추두부된장국 쇠고기채소말이	멸치주먹밥 오이부추무침	1292.2
	394	520.9	377.3	

394kcal

☐ 호밀빵 ☐ 삶은 달걀 ☐ 저지방우유 ☐ 유자드레싱샐러드

다이어트를 할 때는 탄수화물이 많은 식단보다 양질의 단백질과 비타민, 무기질이 풍부한 밥상을 권합니다. 이런 기조에
어긋나지 않도록 유자향이 퍼지는 향기로운 샐러드와 호밀빵, 삶은 달걀로 건강한 아침을 여는 3주차 1·3·5·7일 아침식사입니다.

● **호밀빵(35g)** 빵에는 식물성 유지의 형태로 엄청난 양의 지방이 숨어 있습니다.
다이어트 중일 때 밀가루빵의 섭취를 줄이고 먹더라도 호밀빵 등으로 소량 먹는 것이 좋습니다.
● **삶은 달걀(50g)** 삶은 달걀은 위에 머무는 시간이 길기 때문에 포만감을 주어 과식을 예방합니다.
● **저지방우유(1컵)**
● **유자드레싱샐러드(1인분)** 주재료인 양상추는 수분 가득한 다이어트 채소로 비타민이 풍부하고 식이섬유소가 많아
변비와 피부미용에 좋습니다(만드는 법: p130).

$$353.2kcal$$

☐ 스페니시오믈렛 ☐ 채소스틱 ☐ 삶은 고구마

다이어트를 할 때도 가끔은 든든한 밥이 그립습니다. 한 접시의 건강밥과 상큼한 채소스틱, 삶은 고구마까지.
소박하지만 건강만은 소홀히 하지 않은 3주차 2 · 4 · 6일 아침상입니다.

● **스페니시오믈렛(1인분)** 우유와 달걀의 조합으로 부드럽고 고소하며 소화도 잘됩니다. 특별한 반찬이 필요하지도 않아
바쁜 아침식사로 안성맞춤입니다(만드는 법: p138).

● **채소스틱(50g)** 칼로리가 높지 않으므로 충분히 먹어 점심까지 허기지지 않게 합니다.

● **삶은 고구마(100g)** 고구마는 칼로리는 적으면서 식이섬유소가 풍부하기 때문에 포만감으로 인해 다음 식사량을 자연스럽게 조절할 수 있고
이는 체중 감량으로 이어지기 쉽습니다. 또한 함유되어 있는 영양소 중 식이섬유소가 장 운동을 도와 노폐물의 배출을 도와주기 때문에 변비를
예방할 수 있어 복부 비만에도 큰 도움을 줍니다.

호밀빵
삶은 달걀
저지방우유
유자드레싱샐러드

151.6kcal

대사증후군 예방에 좋은

유자드레싱샐러드

재료 ☐ 양상추 3잎(105g) ☐ 방울토마토 3알 ☐ 견과류 1/2큰술
드레싱 ☐ 유자청 1작은술 ☐ 식초 · 물 1큰술씩 ☐ 소금 약간

❶ 드레싱재료를 섞는다.
❷ 양상추는 한입 크기로 뜯고 방울토마토는 1/2등분한다.
❸ 그릇에 채소를 담고 견과류를 뿌린 후 드레싱을 곁들인다.

● 견과류는 조금만 섭취해도 포만감이 들어 아침식사 대용으로 좋습니다. 또 적정 섭취량(1일 25g 정도)만큼 꾸준히 먹으면
심혈관계 건강, 체중조절 및 복부 비만 해소, 대사증후군 예방의 효과가 있습니다. 실제로 견과류를 먹는 횟수가 많을수록
혈압과 공복 시 혈당치가 낮아졌다는 연구가 있습니다.
● 유자청은 따로 구입하지 않고 집에 있는 유자차 속 유자를 이용해도 됩니다.

현미밥
쇠고기샤브샤브국
채소피클

254.1kcal

포만감 가득한 다이어트용 국

쇠고기샤브샤브국

재료 ☐ 쇠고기(샤브샤브용) 100g ☐ 알배기배추 잎 5장(150g) ☐ 표고버섯 1장(15g) ☐ 느타리버섯 1/2줌(30g)
☐ 팽이버섯 1/2줌(30g) ☐ 소금 1/2작은술
국물재료 ☐ 다시마 7×10cm 1장 ☐ 물 3컵
고추냉이소스 ☐ 간장 1큰술 ☐ 올리고당 · 식초 1작은술씩 ☐ 물 2작은술 ☐ 고추냉이 약간

❶ 냄비에 국물재료를 넣고 불에 올려 보통 불로 10분 정도 끓이고 다시마는 건진다.

❷ 배추 잎은 반 갈라 어슷썰기로 썰고 표고버섯도 길게 썬다.

❸ 느타리버섯과 팽이버섯은 잘게 찢는다.

❹ ②의 국물에 소금으로 간하고 다듬은 배추와 표고버섯, 느타리버섯, 쇠고기를 넣어 끓인다.

❺ ④에 팽이버섯을 넣어 완성하고 쇠고기샤브샤브는 고추냉이소스를 곁들여 먹는다.

TALK TALK DIET

● 배추는 수분이 97%인 저칼로리 음식으로 다이어트에 좋습니다. 또 배추에 함유되어 있는 인돌 성분이 암을 억제해주는 역할을 합니다.

● 알배기배춧잎은 흔히 쌈배추, 미니배추라고도 불립니다. 일반 배추보다 크기는 작지만 잎사귀는 노랗습니다.
맛도 고소하면서 달아 쌈으로 먹거나 겉절이 등으로 좋습니다. 씻을 때는 흐르는 물에 탈탈 털어 씻습니다.

버섯채소죽
두부다시마말이

297.9kcal

뱃살 빼는 데 좋아요
—

버섯채소죽

재료 ☐ 흰쌀밥 130g(2/3공기) ☐ 표고버섯 1장(15g) ☐ 감자 1/5개(30g) ☐ 호박 · 당근 · 양파 1/6개씩(30g)
☐ 참기름 1작은술 ☐ 다시마국물 2컵

❶ 버섯, 감자, 호박, 당근, 양파는 크기 0.5×0.5cm로 썰어준다.
❷ 약한 불에 냄비를 올리고 참기름을 두른 후 ①의 재료를 넣고 3분 정도 볶는다.
❸ ②에 밥을 넣고 섞어가며 1분 정도 볶다가 다시마국물을 넣고 10분 정도 끓여 완성한다.

TALK TALK DIET

● 표고버섯은 열량과 지방이 적고, 비타민과 무기질이 많아 다이어트에 좋습니다.
특히 복부 지방이 심한 경우 지방을 빼주는 데 효과가 있으며 풍부한 식이섬유소로 변비 예방 및 개선에 좋습니다.
또 다량으로 함유된 비타민D가 칼슘의 흡수를 도와 뼈 건강에 도움을 줍니다.

버섯채소죽
두부다시마말이

$$\boxed{115.9\text{kcal}}$$

다이어트를 위한 최적의 한 끼

두부다시마말이

재료 ☐ 두부 1/3모(100g) ☐ 염장다시마 20×10cm 1장(60g) ☐ 당근 · 양파 1/6개씩(30g) ☐ 소금 1/3작은술

❶ 염장다시마는 물에 헹궈 소금기를 씻어내고 물에 담가 1시간 동안 다시마의 염분기를 뺀다.

❷ 우려낸 ①의 다시마는 끓는 물에 살짝 데쳐 찬물에 헹궈 길이 20cm로 썰고 물을 계속 끓여 두부를 넣어 1분 정도 데친다.

❸ 당근과 양파는 잘게 다져 ②의 물에 살짝 데쳐준다.

❹ 두부는 으깨고 면보를 이용해 물기를 없앤 후 볼에 당근, 양파와 함께 넣어 섞은 뒤 소금으로 약하게 간한다.

❺ 다시마에 ④를 넣고 돌돌 말아 한입 크기로 썬다.

TALK TALK DIET

● 다시마의 칼로리는 100g당 19kcal에 불과하고 다시마에 들어 있는 알긴산은 중성지방이 몸속으로 흡수되는 것을 막아주기도 합니다.
또 다시마는 일반 채소류보다 비타민과 무기질이 풍부하고 각종 성인병 예방에 좋은 영양소가 많이 들어 있습니다.
특히 식이섬유소 중 푸코이단이라는 성분은 콜레스테롤 수치를 내려 동맥경화와 심장병, 뇌졸중을 예방하는 효과도 뛰어납니다.

삶은 고구마
스페니시오믈렛
채소스틱

$$219.2kcal$$

아침에 먹으면 좋은 영양소의 집합체
—
스페니시오믈렛

재료 ☐ 달걀 2개 ☐ 저지방우유 · 토마토케첩 1큰술씩 ☐ 방울토마토 3알 ☐ 양송이버섯 1개(15g)
☐ 청 · 홍피망 1/4개씩(30g) ☐ 올리브오일 · 소금 약간씩

❶ 볼에 달걀과 소금 약간, 우유를 넣고 푼다.

❷ 방울토마토는 꼭지를 제거하고 굵게 다진다.

❸ 버섯과 피망은 크기 0.5×0.5cm로 썬다.

❹ 달군 팬에 오일을 약간 두르고 버섯과 피망을 1분 정도 볶다가 케첩을 넣고 1분 정도 더 볶아 신맛을 날린 다음
방울토마토를 넣어 30초 정도 볶은 후 덜어낸다.

❺ 팬을 종이행주로 닦아낸 후 오일을 약간 두르고 ①의 달걀물을 붓고 반쯤 익어 부드러운 상태가 되면
달걀의 중앙에 ④의 채소를 올린다.

❻ 오믈렛 팬을 기울여 달걀의 중간쯤이 접히도록 한다.

❼ 다른 한쪽의 달걀도 포개어 접히게 만든 후 뒤집어 달걀 모양을 둥글게 완성시킨다.

TALK TALK DIET

● 오믈렛을 잘 만들려면 프라이팬은 약간 두툼한 것이 좋습니다.

현미밥
견과류멸치볶음
배추버섯말이

$$179.1kcal$$

뼈 건강을 위한 필수 음식
—
견과류멸치볶음

재료 ☐ 지리멸치(멸치볶음용) 2/3컵(30g) ☐ 호두 1개(10g) ☐ 땅콩 10개(15g)
양념 ☐ 간장 · 설탕 · 올리브오일 1/2작은술씩 ☐ 올리고당 1작은술

❶ 멸치를 체에 올려 잔가루를 턴다.

❷ 호두와 땅콩(그외 견과류)은 먹기 좋게 칼로 다진다.

❸ 기름기 없이 달군 팬에 ②의 견과류를 1분 정도 볶아 덜어내고 ①의 멸치를 1분 정도 볶아 비린내를 제거한다.

❹ 불을 끄고 ③의 팬에 견과류와 양념을 넣은 후 고루 젓는다.

❺ 불을 약하게 다시 켜고 ④를 1분 정도 더 볶아 완성한다.

┌─────────────────┐
│ TALK TALK DIET │
└─────────────────┘

● 톱모델 혜박의 다이어트 식단 중 한 끼 밥상이 현미밥, 청국장, 김치, 멸치볶음이라는 뉴스가 있었습니다.
건강하게 살을 빼려면 다이어트 기간 중 칼슘의 섭취는 뼈 건강을 위해서 필수적입니다.
또 멸치는 다이어트를 할 때 중요한 무기질을 공급해주기도 합니다. 한번 만들어놓고 꾸준히 먹도록 합시다.

현미밥
견과류멸치볶음
배추버섯말이

$$\boxed{105.2\text{kcal}}$$

천천히 먹을수록 더 좋은
—
배추버섯말이

재료 ☐ 알배기배추 잎 3장(100g) ☐ 느타리 · 팽이버섯 1/2줌씩(30g) ☐ 양파 1/5개(40g) ☐ 당근1/10개(20g)
☐ 올리브오일 · 소금 약간씩
소스 ☐ 간장 1큰술 ☐ 물 2작은술 ☐ 식초 1작은술 ☐ 고추냉이 1/3작은술

❶ 배추는 끓는 물에 줄기 쪽부터 넣어 데치고 말기 좋게 펼쳐서 식힌다.

❷ 버섯은 결대로 찢고 끓는 물에 살짝 데친다.

❸ 양파와 당근은 채 썬 후 달군 팬에 오일, 소금과 함께 1분 정도 살짝 볶는다.

❹ 데친 배추 줄기 부분이 두꺼우면 칼로 포를 떠주고 배추 위에 ②, ③의 버섯, 양파, 당근을 올려 돌돌 말아
소스에 곁들여 먹는다.

TALK TALK DIET

● 다이어트를 할 때 음식을 씹는 저작운동은 매우 중요합니다. 음식을 천천히 오래 씹어 삼키는 식습관은 과식을 방지할 수 있고
소화력에도 많은 도움이 됩니다. 또한 오랜 시간 식사를 이어갈 수 있어 포만감도 기대할 수 있습니다.
배추버섯말이를 천천히 먹어 자연스런 포만감을 주도록 합니다.

표고버섯영양밥
저염양념간장

$$\boxed{377\text{kcal}}$$

비타민D로 면역력 강화를

표고버섯영양밥

재료 ☐ 현미쌀 3큰술(40g) ☐ 찹쌀 1과 1/2큰술(20g) ☐ 표고버섯 2장(30g) ☐ 느타리버섯 1/2줌(30g)
☐ 당근 1/6개(30g) ☐ 참기름 1작은술 ☐ 밥물 적당량

❶ 현미쌀은 세 시간, 찹쌀은 한 시간 이상 물에 불려둔다.

❷ 표고버섯은 채 썰고 느타리버섯은 결대로 잘게 찢는다.

❸ 당근은 채 썬다.

❹ 냄비에 불린 쌀과 버섯, 당근, 참기름을 넣고 평소 밥물의 80% 정도 물을 넣어 20분 정도 밥을 짓는다.

❺ 저염양념간장을 곁들인다.

TALK TALK DIET

● 표고버섯을 넣어 만든 다이어트 영양밥입니다. 표고버섯은 저열량 식품이지만 비타민D가 칼슘의 흡수를 도와
뼈와 이를 튼튼하게 합니다. 또 면역력을 강화할 뿐 아니라 항암효과까지 있어 다이어트를 할 때 자주 먹으면 좋습니다.
많은 반찬이 필요 없고 저염양념간장으로 간단히 간해 먹으면 됩니다.

현미밥
꽁치양념구이
채소피클

" 꽁치는 100g 기준 262kcal로 열량이 낮고
비타민B가 들어 있어 빈혈 예방에 좋으며
불포화지방산도 풍부합니다. "

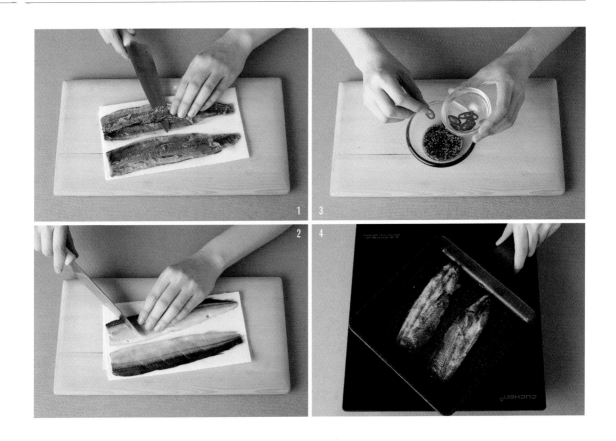

$$\boxed{217.2\text{kcal}}$$

단백질 보충을 위한 소박한 정성

꽁치양념구이

재료 ☐ 꽁치 1마리(100g) ☐ 소금 약간
양념 ☐ 진간장 2작은술 ☐ 설탕 · 참기름 · 다진 마늘 · 통깨 1/2작은술씩 ☐ 다진 대파 1작은술

❶ 꽁치는 머리, 내장, 지느러미를 제거하고 깨끗하게 씻어 반으로 갈라 가시를 제거한다.
❷ 꽁치 등쪽에 칼집을 낸다.
❸ 분량의 양념을 섞는다.
❹ 약한 불로 꽁치를 굽고 꽁치에서 나오는 기름을 종이행주로 제거한다.
❺ 다 익은 꽁치에 양념을 끼얹어 속까지 스며들도록 한다.

현미밥
배추두부된장국
연두부샐러드

" 많은 이의 사랑을 받는 배추두부된장국은
속도 편하고 살도 안 찌는 훌륭한 다이어트 식품입니다.
영양적인 면에서도 부족함이 없습니다. **"**

114.1kcal

한국인을 위한 국민 음식

배추두부된장국

재료 ☐ 알배기배추 잎 3장(100g) ☐ 두부 1/4모(75g) ☐ 대파 1/6대(10g)
☐ 된장 1큰술 ☐ 다진 마늘 1/2작은술 ☐ 국간장 1작은술
국물재료 ☐ 다시마 5×5cm 1장 ☐ 표고버섯 1장(15g) ☐ 물 3컵

❶ 냄비에 국물재료를 넣고 보통 불로 10분 정도 끓여 국물을 내고 다시마와 버섯은 건진다.
❷ 배추는 크기 2×2cm로 썰고 두부는 크기 1.5×1.5cm로 썬다. 건진 버섯은 기둥을 잘라내고
반으로 잘라 두께 0.5cm로 썰고 대파는 동글동글하게 썬다.
❸ ①의 국물에 된장과 다진 마늘, 국간장을 넣고 끓어오르면 배추, 두부, 버섯을 넣어 보통 불로 5분 정도 끓이고
대파를 넣어 1분 정도 더 끓인다.

현미밥
배추두부된장국
연두부샐러드

❝연두부를 밥 대용으로 먹으면 탄수화물 섭취는 줄이고
식이섬유와 단백질 섭취를 높일 수 있습니다.❞

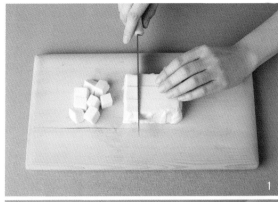

80.8kcal

부드러운 식감이 좋다

연두부샐러드

재료 ☐ 연두부 1/3팩(100g) ☐ 베이비채소 1줌(10g) ☐ 방울토마토 3알(15g)
소스 ☐ 간장 · 물 1큰술씩 ☐ 식초 2작은술 ☐ 다진 마늘 · 참기름 1/2작은술씩

❶ 연두부는 팩에서 꺼낸 다음 반으로 가르고 크기 1.5×1.5cm로 썬다.
❷ 베이비채소를 씻어 물기를 제거한다.
❸ 방울토마토는 씻어 꼭지를 제거하고 1/4등분한다.
❹ 접시에 베이비채소를 깔고 그 위에 연두부와 방울토마토를 올려 소스를 뿌려 먹는다.

날치알채소밥
채소피클

376.7kcal

각종 미네랄이 가득한 영양밥
—
날치알채소밥

재료 ☐ 현미밥 2/3공기(140g) ☐ 날치알 2큰술(30g) ☐ 송송 썬 김치 1큰술(15g)
☐ 달걀 1개 ☐ 무순 · 올리브오일 약간씩

❶ 물기가 있는 날치알은 체에 밭쳐 물기를 제거한다.

❷ 김치는 송송 썰어 달군 팬에 오일을 넣고 1분 정도 볶는다.

❸ 베이비채소와 무순은 깨끗하게 씻어 물기를 제거한다.

❹ 볼에 달걀을 푼 후 팬에 오일을 넣고 달걀을 스크램블한다.

❺ 현미밥 위에 볶은 김치, 스크램블에그, 날치알, 무순을 올린다.

TALK TALK DIET

● 톡톡 터지는 식감이 일품인 날치알은 1큰술에 15kcal 정도로 열량이 낮고 칼슘 등 각종 미네랄과 단백질이 풍부해 다이어트에 도움을 줍니다. 특히 날치알밥에는 여러 가지 채소가 함께 들어가기 때문에 각종 영양소를 골고루 섭취할 수 있습니다. 날치의 비린 맛을 확실히 제거하고 싶다면 물기를 어느 정도 제거하고 화이트 와인이나 청주에 5분 정도 담가두면 됩니다.

현미밥
날치알달걀찜
상추깻잎겉절이

$$\boxed{181.4\text{kcal}}$$

미네랄과 단백질이 풍부한

날치알달걀찜

재료 ☐ 달걀 2개 ☐ 날치알 2큰술(30g) ☐ 당근 1/10개(20g) ☐ 다진 대파 1큰술 ☐ 소금 1/3작은술
국물재료 ☐ 물 1컵 ☐ 다시마 5×5cm 1장

❶ 냄비에 분량의 국물재료를 넣고 10분 정도 우려내 국물을 만든 후 다시마는 건진다.
❷ 달걀 2개에 소금과 ①의 국물을 넣고 살살 저어 달걀을 풀고 체에 내려 알끈을 제거한다.
당근은 크기 0.3×0.3cm로 잘게 다져둔다.
❸ 사기그릇에 ②의 달걀물, 날치알, 당근, 대파를 담고
그릇이 반쯤 잠길 정도의 물과 함께 냄비에 넣어 중탕으로 약한 불에서 12분간 끓인다.

TALK TALK DIET

● 달걀찜은 보들보들하면서 짭조름한 맛이 식욕을 돋구는 데 그만입니다. 하지만 집에서 달걀찜을 하면
식당에서 먹어본 맛이 아닐 때가 있습니다. 달걀찜 하나가 왜 이리 어려울까요? 부드러운 달걀찜의 비밀은
약한 불에 중탕을 하는 것입니다. 완성된 달걀찜의 기포가 거칠면 불이 센 것이고 너무 오래 찌면 달걀이 푸른빛을 띕니다.

현미밥
날치알달걀찜
상추깻잎겉절이

$$\boxed{69.8\text{kcal}}$$

채소의 섭취를 더 싸고 더 경제적으로
—
상추깻잎겉절이

재료 ☐ 상추 5장(30g) ☐ 깻잎 5장(10g)
양념(2회 분량) ☐ 고춧가루 · 유자청 · 통깨 · 참기름 1작은술씩 ☐ 간장 2작은술

❶ 상추는 씻어 물기를 털고 반으로 갈라 폭 1.5cm, 길이 5cm로 썬다.

❷ 깻잎은 반으로 자르고 폭 1.5cm로 썬다.

❸ 양념을 고루 섞어준다.

❹ ①, ②의 채소와 ③의 양념을 함께 무친다.

TALK TALK DIET

● 요즘 웬만한 브런치 카페에서 간단한 샐러드를 사면 적어도 7~8천원입니다.
다이어트에 필수적인 채소 섭취를 싸고 경제적인 방법으로 할 수는 없을까요?
저렴해서 좋은 상추겉절이를 짜지 않게 만들어놓고 시원하고 상큼한 맛이 필요할 때 함께하면 좋습니다.

무순연두부비빔밥
채소피클

$$360.7kcal$$

장이 예민한 사람들에게 안성맞춤

무순연두부비빔밥

재료 ☐ 현미밥 2/3공기(140g) ☐ 연두부 1/2팩(150g) ☐ 무 1/15개(100g)
☐ 호박 · 당근 1/6개씩(30g) ☐ 무순 1/4줌(15g) ☐ 올리브오일 · 소금 약간씩
무양념 ☐ 고추가루 1/2작은술 ☐ 식초 1작은술 ☐ 소금 1/3작은술

❶ 연두부는 반으로 가르고 크기 1.5x1.5cm로 썬다.

❷ 무는 길이 4cm 두께 0.5cm로 채 썰어 분량의 양념으로 버무린다.

❸ 호박과 당근은 채 썰어 달군 팬에 오일과 소금을 약간 넣고 살짝 볶는다.

❹ 무순은 깨끗하게 씻어 물기를 제거한다.

❺ 현미밥 위에 연두부를 얹고 무생채, 호박, 당근, 무순을 곁들여 올린 다음 저염양념간장을 넣어 비빈다.

TALK TALK DIET

● 연두부는 열량과 지방은 적고 단백질은 풍부하여 다이어트에 효과적인 식품입니다.
또 올리고당이 주성분인 탄수화물을 함유하고 있어 장의 움직임을 활성화하고 소화흡수를 돕습니다.
식이섬유소도 풍부합니다. 따라서 다이어트를 하려는 목적이 없어도 장이 예민한 사람들이 꾸준히 먹으면 좋습니다.

현미밥
버섯불고기
다시마샐러드

$$\boxed{224.9\text{kcal}}$$

다이어트용 불고기의 기본
——

버섯불고기

재료 ☐ 쇠고기(불고기감) 50g ☐ 표고버섯 1장(15g) ☐ 양송이버섯 2장(30g) ☐ 느타리버섯 1/2줌(30g) ☐ 양파 1/8개(25g)

양념 ☐ 배즙 또는 사과즙 3큰술 ☐ 물 2큰술 ☐ 간장 1큰술 ☐ 다진 마늘·참기름·통깨 1작은술씩 ☐ 후추 약간

❶ 양념에 들어가는 배 또는 사과는 강판에 갈거나 믹서기에 간다.

❷ 볼에 ①과 나머지 양념재료를 담아 섞어준다.

❸ 쇠고기는 종이행주를 이용해 핏물을 제거하고 양념의 2/3양을 덜어 버무려 밑간을 20분 정도 한다.

❹ 표고버섯은 기둥을 떼어내 썰고 양송이버섯은 기둥과 함께 썬다. 느타리버섯은 가닥가닥 뜯고 양파는 채 썬다.

❺ 팬을 뜨겁게 달군 후 ②의 고기를 넣어 볶는다. 고기가 반쯤 익으면 버섯과 양파를 1분 정도 더 볶은 다음
나머지 1/3의 양념을 넣고 맛이 들도록 볶는다.

TALK TALK DIET

• 불고기 양념은 염분의 함량이 높고 당분도 많이 포함하고 있어 불고기가 밥상에 오르면 많이 먹기 쉽습니다.
이때 버섯과 채소를 함께 넣고 볶으면 소금을 적게 섭취할 수 있으며,
각종 채소에 들어있는 칼륨이 나트륨의 배출을 돕기 때문에 불고기에 채소를 많이 넣는 것이 좋습니다.

현미밥
버섯불고기
다시마샐러드

56.7kcal

많이 먹어도 살찔 걱정 없는

다시마샐러드

재료 ☐ 염장다시마 20×10cm 1장(60g) ☐ 물 3컵 ☐ 파프리카 1/5개(40g) ☐ 오이 1/5개(50g)
드레싱 ☐ 식초 · 간장 2작은술씩 ☐ 다진 마늘 1/3작은술 ☐ 참깨 약간

❶ 염장다시마는 물에 헹궈 소금기를 씻어내고 1시간 동안 물에 담가 다시마의 염분기를 뺀다. 이때 물을 한두 번 갈아준다.

❷ 냄비에 분량의 물을 붓고 물이 끓으면 다시마를 데쳐낸다.

❸ 데쳐낸 다시마를 크기 2.5×2.5cm로 썬다.

❹ 파프리카도 크기 1×1cm로 썰고, 오이는 동글동글하게 썬다.

❺ ③~④의 재료를 섞고 드레싱을 뿌린다.

TALK TALK DIET

● 바쁜 일상에서 챙겨야 하는 한 끼를 빠르고 간편하게 때울 수 있다는 것이 샐러드의 장점입니다.
그러나 샐러드가 정작 각광받는 것은 다이어트를 위한 최적의 음식이라는 점 때문입니다. 다양한 채소와 해조류, 심지어 곡류까지
자유자재로 섞어 영양가는 높지만 지방은 적은 음식 샐러드. 다이어트를 한다면 자주 만들어보세요.

현미밥
배추두부된장국
쇠고기채소말이

$$\boxed{206.8\text{kcal}}$$

아스파라거스가 핵심이다
———
쇠고기채소말이

재료 ☐ 쇠고기(불고기감 말이용 6×12cm) 50g ☐ 팽이버섯 1줌(60g) ☐ 당근 1/6개(30g)
☐ 아스파라거스 3대(60g) ☐ 올리브오일 약간
양념 ☐ 간장 1/2큰술 ☐ 설탕 · 다진 마늘 1작은술씩 ☐ 참기름 1/2작은술 · 후추 약간

❶ 쇠고기는 양념에 재어둔다.
❷ 버섯은 밑둥을 잘라내 결대로 찢어주고 당근은 얇게 채 썰어준다.
❸ 아스파라거스는 감자 필러로 밑둥을 긁어내고 반으로 잘라 끓는 물에 10초 정도 데친다.
❹ 쇠고기에 버섯, 당근, 아스파라거스를 넣어 돌돌 말아준다.
❺ 달군 팬에 오일을 살짝 두르고 고기 접합 부분이 팬에 닿도록 하여 약한 불로 굽는다.

TALK TALK DIET

● 최근 운동을 매일 하기 어려운 직장인들이 규칙적으로 섭취만 해도 다이어트에 도움이 되는 채소 5가지 중 하나로
소개된 아스파라거스. 비타민C, B₂, K, E 등이 풍부하고 셀레늄과 엽산도 함유하고 있어
따로 섭취하거나 혹은 사이드 메뉴로 먹으면 좋습니다. 특히 한 사람이 불과 몇 개만 먹어도
배고픔을 느끼지 않는 아스파라거스의 높은 포만감은 다이어트에 더욱 효과적입니다.

멸치주먹밥
오이부추무침

$$312.4kcal$$

속이 든든한 주먹밥
—
멸치주먹밥

재료 ☐ 현미밥 2/3공기(140g) ☐ 지리멸치(멸치볶음용) 1/2컵(20g) ☐ 송송 썬 김치 3큰술(50g)
☐ 참깨 · 올리브오일 1작은술씩 ☐ 김가루 약간

❶ 지리멸치는 마른 팬에 2~3분 동안 볶아 비린내를 제거한다. 김치는 씻은 뒤 송송 썬다.

❷ 달군 팬에 오일(1작은술)을 넣고 ①의 김치를 볶는다.

❸ 볼에 현미밥을 담고 볶은 멸치와 김치, 참깨를 넣어 버무린다.

❹ 위생비닐에 ③의 밥을 넣고 오므려 주둥이를 돌려 동그랗게 모양을 만들고 김가루를 묻힌다.

⌐ TALK TALK DIET ⌐

● 만들기 쉽고 든든해서 다이어트를 할 때 만들어두고 먹으면 좋은 것이 각종 주먹밥입니다.
주먹밥의 종류는 연어주먹밥, 날치알주먹밥, 쇠고기주먹밥, 김치주먹밥, 참치주먹밥, 치즈주먹밥, 후리카케주먹밥,
오이지주먹밥, 어묵주먹밥 등 다양합니다. 냉장고에 있는 재료로 간편하게 만들어 드세요.

멸치주먹밥
오이부추무침

64.9kcal

염분이 많은 김치 대용식
———
오이부추무침

재료 ☐ 오이 1/4개(50g) ☐ 부추 1/2줌(25g) ☐ 파프리카 1/6개(20g)
양념 ☐ 곱게 빻은 깨 1작은술 ☐ 소금 1/3작은술 ☐ 참기름 1/2작은술

❶ 오이는 두께 0.3cm로 어슷 썰어 폭 0.3cm로 채 썬다.
❷ 부추는 길이 4cm로 썰고 파프리카도 폭 0.3cm, 길이 4cm 정도로 썬다.
❸ 통깨는 믹서기에 갈거나 지퍼백에 넣고 방망이로 밀어준다.
❹ 볼에 ①, ②의 채소와 양념을 넣어 무친다.

TALK TALK DIET

● 다시마와 파프리카의 포만감과 높은 영양가, 오이의 수분감, 그리고 저칼로리 덕분에
오이부추무침은 다이어트의 전형 같은 음식입니다. 염분이 많은 김치 대신 시원하고 상큼한 반찬이 필요할 때 먹으면 그만입니다.

4 WEEK

4 주 다 이 어 트 식 단

단백질은 우리 몸의 구성 성분으로 면역력을 높이고
대사조절을 하는 등 다양한 역할을 한다.
특히 다이어트를 할 때는 근육의 양이 줄어드는 것을 막고 면역력을
향상시키기 위해 쇠고기, 돼지고기, 생선 등 질 높은 단백질의
섭취가 필요하다. 그렇다고 해서 닭가슴살로 하는 원푸드 다이어트는
영양의 불균형을 초래하기 쉽다. 이 책에서는 양질의 단백질과
기타 영양소가 균형있게 포함된 4주차 식단을 구성하였다.

4주차 다이어트 식단

4 WEEK	아 침	점 심	저 녁	칼로리 단위 (kcal)
1DAY	현미마늘토스트 저지방우유 오이샐러리샐러드	현미밥 연어양상추쌈 채소피클	두부밥 저염양념간장 브로콜리초회	1244.9
	362.1	525.4	357.4	
2DAY	삶은 옥수수 저지방우유 리코타치즈샐러드	현미밥 연어구이 율무샐러드	오므라이스 채소피클	1209.6
	311.5	514.7	383.4	
3DAY	현미마늘토스트 저지방우유 오이샐러리샐러드	현미밥 콩나물국 돈육생강장조림	두부밥 저염양념간장 브로콜리초회	1254.1
	362.1	534.6	357.4	
4DAY	삶은 옥수수 저지방우유 리코타치즈샐러드	현미밥 연어양상추쌈 채소피클	율무닭죽 오이부추무침	1211.9
	311.5	525.4	375	
5DAY	현미마늘토스트 저지방우유 오이샐러리샐러드	현미밥 콩나물국 수육과 부추무침	두부밥 저염양념간장 브로콜리초회	1238.9
	362.1	519.4	357.4	
6DAY	삶은 옥수수 저지방우유 리코타치즈샐러드	오이초밥 영양두부찜	율무닭죽 오이부추무침	1222
	311.5	535.5	375	
7DAY	현미마늘토스트 저지방우유 오이샐러리샐러드	현미밥 연어구이 율무샐러드	치킨스테이크 메시포테이토	1296.3
	362.1	514.7	419.5	

362.1kcal

☐ 현미마늘토스트 ☐ 저지방우유 ☐ 오이샐러리샐러드

다이어트를 하느라 아침식사를 굶는 것은 하지 말아야 할 일 가운데 하나입니다.
다이어트를 하는 사람에게 아침밥은 하루 세 끼 중 한 끼가 아니라 하루 중 가장 중요한 식사라는 생각으로 간소하지만
포만감 있는 식사를 해야 합니다. 4주차 1·3·5·7일의 아침 메뉴는 다음과 같습니다.

● **현미마늘토스트(35g)** 마늘토스트는 마늘(50g)을 깨끗이 씻어 물기를 제거한 후
올리브오일(200ml), 꿀(100ml)과 함께 믹서기에 넣어 갈아서 보관해 놓고 건강빵에 발라 구워 먹으면 됩니다.

● **저지방우유(1컵)**

● **오이샐러리샐러드(1인분)** 오이는 100g에 9kcal, 샐러리는 100g에 12kcal로, 오이샐러리샐러드는 저칼로리 식재료들의 조합입니다.
무엇보다 식이섬유소가 많은 샐러리는 오랜 시간 포만감을 극대화시켜 줍니다(만드는 법: p174).

311.5kcal

☐ 삶은 옥수수 ☐ 저지방우유 ☐ 리코타치즈샐러드

가장 나쁜 아침식사의 첫 번째가 '아무것도 안 먹기'라는 말이 있습니다. 와플, 팬케이크, 베이글, 머핀 등도
정제 밀가루나 당분이 많이 들어 있고 각 영양소가 균형을 이루지 못해 좋은 아침식사라고 할 수 없습니다.
삶은 옥수수와 저지방우유, 리코타치즈샐러드로 이루어진 4주차 2·4·6일 아침식사를 소개합니다.

● **삶은 옥수수(100g)** 삶은 옥수수의 칼로리는 100g당 120kcal 정도이며 옥수수는 식이섬유소가 풍부하여 조금만 먹어도
포만감을 느끼기 충분하고 대장의 연동성에 큰 도움을 주어 변비 해소에도 좋습니다. 아울러, 칼슘, 인, 철분 등을 함유하고 있습니다.

● **저지방우유(1컵)**

● **리코타치즈샐러드(1인분)** 집에서 만들어 먹는 치즈, 리코타치즈를 넣은 샐러드입니다. 차가운 채소와 함께 고소한 맛이 일품이며
비타민과 칼슘 등을 보충할 수 있어 영양만점 샐러드입니다(만드는 법: p182).

현미마늘토스트
저지방우유
오이샐러리샐러드

146.3kcal

영원한 피부 보습제

오이샐러리샐러드

재료 ☐ 닭가슴살 1/2토막(50g) ☐ 오이 1/3개(70g) ☐ 샐러리 1/3대(20g) ☐ 양파 1/10개(25g) ☐ 파프리카 1/6개(20g)

드레싱 ☐ 저칼로리마요네즈 1큰술 ☐ 와사비 1/4작은술 ☐ 식초 · 설탕 1작은술씩

❶ 닭가슴살의 도톰한 부분을 반으로 포 떠서 끓는 물에 5분 정도 삶아 한 김 식으면 크기 0.5×0.5cm 정도로 다진다.

❷ 오이는 반으로 갈라 두께 0.3cm의 반달 모양으로 썬다.

❸ 샐러리, 양파, 파프리카도 크기 0.5×0.5cm 정도로 다진다.

❹ 볼에 다진 닭가슴살과 샐러리, 양파, 파프리카와 드레싱을 넣어 버무린다.

❺ 접시에 반달 모양의 오이를 깔고 ④의 샐러드를 위에 올린다.

TALK TALK DIET

● 다이어트를 할 때는 영양 공급이 원활하지 않아 피부도 거칠어지기 쉽습니다.
이럴 때 샐러리와 오이를 자주 먹으면 수분 공급에 효과적입니다. 샐러리에는 오이와 같은 실리카 성분이 들어 있어서
피부 속 수분을 강화합니다.

현미밥
연어양상추쌈
채소피클

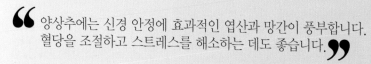

> 양상추에는 신경 안정에 효과적인 엽산과 망간이 풍부합니다.
> 혈당을 조절하고 스트레스를 해소하는 데도 좋습니다.

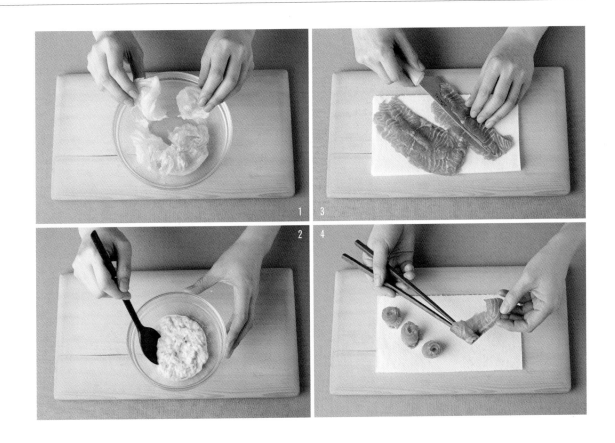

295.6kcal

건강에 필수적인 비타민B가 가득

연어양상추쌈

재료 ☐ 훈제연어 100g ☐ 양상추 3장(105g)

마요네즈소스 ☐ 다진 오이피클 · 다진 양파 3큰술씩 ☐ 저칼로리마요네즈 2큰술 ☐ 레몬즙 1큰술 ☐ 후추 약간

❶ 양상추는 깨끗하게 씻어 한입 크기로 뜯는다.

❷ 분량의 재료를 섞어 마요네즈소스를 만든다.

❸ 덩어리 연어를 준비했다면 얇게 포를 뜨듯이 썬다.

❹ 연어를 젓가락으로 돌돌 말아 양상추 위에 올리고 그 위에 소스를 올린다.

두부밥
저염양념간장
브로콜리초회

$$284kcal$$

다이어트를 한다면 꾸준한 섭취를

두부밥

재료 ☐ 현미쌀 2/3컵(60g) ☐ 두부 1/3모(100g) ☐ 밥물 적당량

❶ 현미쌀은 전날 물에 불려둔다.
❷ 두부는 크기 1.5×1.5cm의 한입 크기의 깍둑썰기로 썬다.
❸ 냄비에 쌀과 밥물, 두부를 같이 넣어 밥을 한다.
❹ 저염양념간장에 간을 맞춰 먹는다.

TALK TALK DIET

● 두부밥은 영양가 높고 포만감 있으며 만들기도 간단해 좋은 다이어트 음식입니다.
그러나 아무리 다이어트에 좋은 음식이라도 함께 먹는 양념의 칼로리가 과하면 살을 빼려는 원래의 목표에는 멀어지게 됩니다.
각종 다이어트 영양밥의 양념장은 저염양념간장으로 하는 것이 좋습니다.

두부밥
저염양념간장
브로콜리초회

51.7kcal

피부 미용에서 항암작용까지
—
브로콜리초회

재료 ☐ 브로콜리 1/3송이(70g) ☐ 물 1/4컵
양념 ☐ 고추장 · 식초 1/2큰술씩 ☐ 꿀 1/2작은술

❶ 브로콜리는 씻어 한입 크기로 썬다.
❷ 냄비에 물 1/4컵과 함께 ①의 브로콜리를 넣고 불에 올려 김이 나면 바로 불을 끈다.
❸ 그릇에 브로콜리를 담고 초고추장을 곁들인다.

┌─────────────────────┐
TALK TALK DIET
└─────────────────────┘

● 브로콜리는 일단 색이 진하고 중간이 봉긋하게 솟아올라 있으며 송이가 단단한 것을 골라야 신선합니다.
또 촘촘하고 빡빡하므로 식초와 함께 씻어주어야 농약이나 불순물들을 깨끗이 제거할 수 있습니다.
식초물에 30분 정도 담갔다가 흐르는 물에 헹궈내는 것이 좋습니다.

삶은 옥수수
저지방우유
리코타치즈샐러드

178.5kcal

카페 메뉴가 부럽지 않은
—
리코타치즈샐러드

재료 ☐ 우유 500ml ☐ 동물성 생크림 150ml ☐ 레몬즙 · 식초 1큰술씩 ☐ 소금 1작은술
☐ 양상추 1장(35g) ☐ 치커리 2잎(10g) ☐ 토마토 1/2개(100g) ☐ 발사믹식초 · 올리브오일 1/2큰술씩

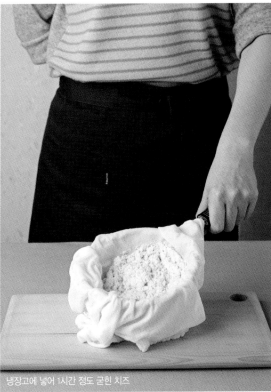

유막 형성

유청 빼기

냉장고에 넣어 1시간 정도 굳힌 치즈

❶ 냄비에 우유와 생크림을 넣고 보통 불로 10분 정도 끓여 유막이 형성되면 불에서 내려 레몬즙과 식초를 넣고
(두세 번 휘휘 저은 뒤) 약한 불에 올려 20분 정도 끓인다.
소금을 넣고 5분 정도 더 끓인 후 면보에 걸러 유청을 빼고 남은 치즈를 냉장고에 넣어 1시간 정도 굳힌다.
❷ 양상추, 치커리, 토마토를 먹기 좋게 썰어 담은 뒤 그 위에 ①의 숙성된 치즈 1컵을 올린다.
❸ ②에 발사믹식초와 오일을 섞어 뿌린다.

┌─────────────────┐
│ TALK TALK DIET │
└─────────────────┘

● 유청을 빼고 남은 치즈를 냉장고에 넣어 1시간 정도 굳힌 후 바로 먹어도 맛이 있습니다.
● 유청은 설거지용 세제로 써도 좋습니다.
● 아토피 피부에도 유청을 거즈에 묻혀 붙여주면 진정 효과가 있습니다.
● 먹고 남은 리코타치즈는 냉장 보관이 필수입니다. 양이 많으면 냉동 보관 후 먹을 때마다 조금씩 해동해서 냉장실로 옮기세요.

현미밥
연어구이
율무샐러드

222.9kcal

오메가3가 풍부한 고단백 저칼로리 식품

연어구이

재료 ☐ 연어 1토막(150g) ☐ 소금 · 후추 · 올리브오일 약간씩
소스 ☐ 저칼로리마요네즈 1/2큰술 ☐ 식초 · 설탕 1작은술씩 ☐ 다진 양파 3큰술

❶ 연어에 소금과 후추로 밑간을 한다.
❷ 팬에 오일을 살짝 뿌린 뒤 연어를 노릇노릇하게 굽는다.
❸ 작은 그릇에 소스재료를 섞은 후 구운 연어에 곁들여 먹는다.

TALK TALK DIET

● 연어는 다이어트 식품 중에서도 맛있는 음식으로 여성들에게 인기가 많습니다.
포만감을 주며 지방은 적고 단백질, 오메가3 등은 풍부하여 포만감을 주는 대표적인 고단백 저칼로리 식품입니다.
심장병 예방과 시력 보호에도 좋습니다. 단백질은 체지방으로 전환될 확률이 지방보다 현저히 낮아 효과적인 다이어트 식단은
대부분 연어구이 등 고단백 저지방 식품으로 이루어져 있습니다.

현미밥
연어구이
율무샐러드

91.8kcal

신장 기능 강화에 좋은
—
율무샐러드

재료(2인분) ☐ 율무 1/4컵(20g) ☐ 양상추 3장(105g) ☐ 치커리 2잎(10g) ☐ 베이비채소 1/2줌(5g) ☐ 양파 1/6개(30g)
발사믹드레싱(2회분) ☐ 올리브오일 · 간장 2큰술씩 ☐ 발사믹 식초 · 레몬즙 1/2큰술씩 ☐ 소금 · 후추 약간씩

❶ 율무는 맑은 물이 나올 때까지 깨끗이 씻어 반나절 정도 물에 담가 불리고 다시 물을 넉넉히 부어 약한 불에 20분 정도 삶는다.

❷ 양상추, 치커리, 베이비채소는 깨끗하게 씻고 물기를 제거한다.

❸ 양파는 얇게 채 썬 뒤 매운맛을 제거하기 위해 물에 담가 체에 밭친다.

❹ 넓은 접시에 채소를 올리고 마지막에 ①의 율무와 드레싱을 뿌린다.

TALK TALK DIET

● 현미와 보리, 기장, 율무 등과 같은 잡곡류를 이용한 샐러드는 밥 대신 먹을 수 있을 정도로 든든하고 채소도 함께 섭취할 수 있어 좋습니다. 율무는 칼로리가 적고 이뇨작용에 탁월한 효과가 있습니다. 체내 노폐물을 제거하고 몸을 가볍게 하는 효과가 있으므로 다이어트를 할 때 꾸준히 먹도록 합니다.

오므라이스
채소피클

> '오므라이스'는 일본 요리로, 그 명칭은 프랑스어의
> '오믈렛(omelette)'과 영어의 쌀을 의미하는
> '라이스(rice)'가 합성된 것입니다.

$$\boxed{353.6\text{kcal}}$$

후다닥 만드는 한 그릇 음식

오므라이스

재료 ☐ 현미밥 1/2공기(100g) ☐ 닭가슴살 1/3토막(40g) ☐ 감자 1/5개(30g) · 당근 · 양파 1/5개씩(40g)

☐ 토마토케첩 1큰술 ☐ 달걀 1개 ☐ 소금 · 후추 · 올리브오일 약간씩

❶ 닭가슴살은 크기 0.5×0.5cm로 작게 썬다.

❷ 감자, 당근, 양파는 크기 0.3×0.3cm로 잘게 썬다.

❸ 팬에 오일을 약간 두르고 감자, 당근, 양파를 볶은 뒤 닭가슴살, 현미밥, 소금, 후추, 토마토케첩을 넣어 마저 볶는다.

❹ ③의 볶은 밥을 그릇에 옮기고 달걀을 풀어 팬에 지단을 얇게 부쳐 밥 위에 올린다.

현미밥
콩나물국
돈육생강장조림

$$314.6kcal$$

다이어트로 몸에 생기를 잃었다면

돈육생강장조림

재료 ☐ 돼지고기(앞다리살) 150g ☐ 생강 1/2쪽(10g) ☐ 통후추 10알 ☐ 양파 1/4개(50g) ☐ 물 2/3컵
1차 양념 ☐ 간장 2큰술 ☐ 설탕 2작은술 ☐ 마늘 1작은술
2차 양념 ☐ 올리고당 1작은술

❶ 돼지고기가 잠길 정도의 물을 넣고 끓어오르면 돼지고기와 생강, 통후추, 양파를 넣어 5분 정도 끓인다.

❷ 돼지고기를 꺼내 폭 0.7cm로 썬다. 이때 고기는 표면만 익고 속살은 안 익은 상태다.

❸ 냄비에 1차 양념과 물 2/3컵, ❷의 썬 고기를 넣고 조린다.

❹ ❸의 국물이 자작하게 되면 2차 양념인 올리고당을 넣어 센 불에서 30초간 조려 윤기를 더한다.

TALK TALK DIET

● 돼지고기라면 칼로리가 높고 지방 함량이 많아 살이 찌는 식품이라고 알고 있지만 적정량의 섭취는 웬만한 운동보다 다이어트에 효과가 있습니다. 지방의 연소를 촉진시키는 카르타닌 성분이 많이 함유되어 있기 때문입니다. 돼지고기를 먹을 때는 파절임, 찌개 등 양념이 강한 반찬들은 함께 곁들이지 않는 게 좋고 과일과 같은 당분이 많은 후식도 피하는 게 좋습니다.

율무닭죽
오이부추무침

$$\boxed{310.1\text{kcal}}$$

내 몸을 위한 나만의 보양식
—

율무닭죽

재료(4인분) ☐ 율무 1컵(150g) ☐ 쌀 1컵(180g) ☐ 닭 1마리(600g) ☐ 물 2리터 ☐ 황기 1뿌리 ☐ 양파 1개(200g)
☐ 통마늘 6알(30g) ☐ 부추 1/3줌(30g) ☐ 소금 · 후추 약간씩

❶ 깨끗이 씻은 율무는 하루 전날, 쌀은 30분 전에 불려둔다.

❷ 닭은 깨끗하게 씻고 껍질을 제거한다.

❸ 냄비에 물 2리터와 손질한 닭, 황기, 양파, 마늘을 넣고 20분 정도 끓인다.

❹ 닭이 익으면 꺼내 육수에 율무와 쌀을 넣고 끓이고 닭살을 발라낸 다음 소금과 후추로 간한다.

❺ 쌀이 퍼지면 발라낸 닭살을 넣어 한소끔 끓인 후 부족한 간은 소금으로 더하고 부추를 송송 썰어 얹어 완성한다.

┌─────────────────┐
│ TALK TALK DIET │
└─────────────────┘

● 닭에 한방 오곡 중 하나인 율무를 넣은 영양죽으로 다이어트를 할 때 한번씩 챙겨 먹으면 좋습니다.

닭의 불순물을 완벽하게 제거해야 잡내가 안 나면서 맛있는 죽이 됩니다. 죽을 끓이기 전 닭 손질을 꼼꼼히 하세요.

현미밥
콩나물국
수육과 부추무침

" 다이어트를 한다고 무조건 고기를 먹지 않는 것은
어리석은 일 중의 하나. 주요 영양소인 단백질과 비타민B 등의
공급을 위해 고기를 섭취하는 것은 중요합니다. "

$$299.4kcal$$

다이어트를 할 때 더 맛있는

수육과 부추무침

재료 ☐ 돼지고기(앞다리살) 150g ☐ 물 7컵 ☐ 된장 1큰술 ☐ 생강 1/2쪽 ☐ 통후추 10알
☐ 대파 1/10대(10g) ☐ 부추 1/10단(20g) ☐ 양파 1/5개(40g) ☐ 당근 1/10개(20g)
부추무침양념장 ☐ 간장 2작은술 ☐ 고춧가루 1작은술 ☐ 설탕 · 다진 마늘 1/2작은술씩

❶ 냄비에 물(7컵)을 부어 된장, 생강, 통후추, 대파를 넣어 끓인다. 물이 끓으면 돼지고기를 넣는다.
❷ ①을 30분 정도 충분히 삶는다.
❸ 부추는 깨끗하게 다듬어 길이 4cm로 썰고 양파, 당근도 부추와 같은 길이로 얇게 채 썬다.
❹ ③의 부추, 양파, 당근을 분량의 양념장에 버무린다.
❺ ②의 삶은 돼지고기는 한 김 식혀 한입 크기로 납작납작하게 썰어서 그릇에 담고 ④의 부추무침을 곁들여 먹는다.

오이초밥
영양두부찜

" 다이어트용 스시입니다. 오이와 게맛살이 만나
고소하면서 끝 맛은 상큼합니다.
게맛살이 없다면 통조림 참치를 초밥 위에 올려도 좋습니다. "

398.2kcal

혀끝에 스치는 고소한 향

오이초밥

재료 ☐ 현미밥 2/3공기(140g) ☐ 게맛살 3쪽(60g) ☐ 양파 1/10개(20g) ☐ 오이 1개(200g) ☐ 저칼로리마요네즈 1큰술
배합초 ☐ 식초 1큰술 ☐ 설탕 1/2큰술 ☐ 소금 1/4작은술

❶ 현미밥에 배합초를 넣어 간을 해둔다.
❷ 게맛살은 잘게 찢고 양파는 길이 2~3cm로 잘라 얇게 썬다.
❸ 오이는 굵은 소금으로 깨끗하게 씻은 후 필러로 얇게 썬다.
❹ 양파에 게맛살과 마요네즈 1큰술을 넣어 버무린다.
❺ 밥을 원기둥 모양의 초밥 모양으로 만들어 가로로 눕히고 오이로 둘러싼 후 그 위에 ④의 게맛살과 양파를 올린다.

오이초밥
영양두부찜

$$137.3kcal$$

속이 허할 때 먹으면 좋은
—
영양두부찜

재료(2인분) ☐ 닭가슴살 1/2토막(50g) ☐ 두부 1/2모(150g) ☐ 양파 1/5개(40g) ☐ 당근 1/10개(20g)
☐ 달걀 1개 ☐ 소금 · 후추 약간씩

❶ 닭가슴살은 잘게 다진다.
❷ 두부는 칼등으로 으깨고 물기를 제거한다.
❸ 양파와 당근도 잘게 다진다.
❹ 볼에 닭가슴살, 두부, 양파, 당근, 소금, 후추를 넣고 달걀을 깨서 넣어 골고루 버무린다.
❺ 버무린 재료를 알맞은 그릇에 담고 김 오른 찜기에 올려 20분 정도 찐다.

TALK TALK DIET

● 두부의 부드러운 식감과 양파, 당근의 씹히는 맛까지 있는 다이어트 찜입니다. 간단하지만 감칠맛이 있어 질리지 않고
꾸준히 먹을 수 있습니다. 양파의 매운맛을 제거하려면 채 썰기 전에 찬물에 잠깐 담가두면 됩니다.

치킨스테이크
메시포테이토

260.5kcal

잃었던 입맛 찾아주는

치킨스테이크

재료 ☐ 닭가슴살 1토막(100g) ☐ 양파 · 파프리카 1/4개씩(50g) ☐ 마늘 3개(15g)
☐ 슬라이스치즈 1장 ☐ 올리브오일 · 소금 · 후추 약간씩

❶ 닭가슴살은 도톰한 부분을 반으로 포를 떠서 두께가 일정하도록 하고 소금, 후추로 밑간을 한다.

❷ 양파와 파프리카는 채 썰고 마늘도 썬다.

❸ 달군 팬에 오일을 넣어 양파, 파프리카, 마늘을 30초간 센 불에서 볶는다.
이때 채소에 소금, 후추로 살짝 간을 하고 30초간 더 볶는다.

❹ 달군 팬에 오일을 두르고 밑간한 닭을 넣어 보통 불로 3분, 뒤집어서 2분 정도 구워 닭고기가 익으면
불을 끄고 슬라이스치즈를 얹는다. 뚜껑을 덮어 1분 정도 여열로 치즈를 녹인다.

❺ 접시에 ③의 볶아 낸 채소를 깔고 ④의 치킨스테이크를 올린다.

TALK TALK DIET

● 닭가슴살이 다이어트에 좋다고는 하지만 간을 하지 않고 삶아서 퍽퍽한 살만 먹거나 갈아서 먹는 것은
아무래도 꾸준히 먹는 데 한계가 있습니다. 조금 먹더라도 가끔은 맛있게 먹는 것이 정신 건강에도 좋지 않을까요?
그런 의미로 사력을 다한 다이어트의 마지막 주 나에게 주는 선물로 치킨스테이크를 준비해봅시다.

치킨스테이크
메시포테이토

$$159kcal$$

출출할 때 밥 대용으로
—
메시포테이토

재료 ☐ 감자 2개(240g) ☐ 물 1과 1/2컵 ☐ 소금 약간

❶ 냄비에 크기 1×1cm로 감자를 썰어 넣는다.

❷ ①에 물을 넣고 보통 불로 10분 정도 끓인다.

❸ ②가 익으면 물기가 없도록 보슬보슬 볶는다.

❹ ③이 뜨거울 때 감자 으깨기나 포크로 감자를 으깨면서 부족한 간은 약간의 소금으로 더한다.

TALK TALK DIET

● 감자는 인간에게 필요한 모든 영양소가 들어 있다는 말까지 있을 정도의 영양식품입니다. 특히 비타민C의 보고라고 할 정도로
비타민C가 많습니다. 게다가 조리하면 대부분 파괴되어 버리는 여느 비타민C와 달리,
감자의 비타민C는 익혀도 쉽게 파괴되지 않는 장점이 있습니다.
또 식물성 식이섬유소인 펙틴이 들어 있어 변비에 특효약이며 고혈압에도 좋습니다.

DIET DIARY

부록

• 4주 다이어트를 위한 저칼로리 국민 간식

성공적인 다이어트를 위해 주식 못지않게 세심하게 관리해야 하는 것이 간식이다.
부족하기 쉬운 영양을 채워주면서 맛도 좋고 칼로리는 적은 최적의 다이어트 간식을 만들어보자.
떡볶이와 피자, 햄버거와 짜장면 등 남녀노소를 불문하고 좋아하는 4대 국민 간식의 저칼로리 버전이다.

• 4주 다이어트를 위한 식사일기

식사일기를 검토하면 자신이 자주 먹는 음식으로 비만의 원인을 파악할 수 있으며
기분이 우울할 때 단 것을 많이 먹는다든지 하는 내용으로 살이 찌는 정서적인 원인도 알 수 있다.
잠자기 전 조용한 마음으로 하루를 돌아보며 식사일기를 작성해보자. 밥을 적게 먹고 운동을 하는 등
그 어떤 적극적인 행위보다 값지고 의미 있는 다이어트의 원동력이 될 것이다.

4주 다이어트를 위한 저칼로리 국민 간식

어떻게 하면 아름다운 몸매와 맛있는 간식의 양립하기 힘든 두 가지 행복을 제대로 취할 수 있을까?
살찔 걱정 조금 덜 하면서 먹을 수 있는 떡볶이와 피자, 햄버거와 짜장면까지.
심혈을 기울여 소개하는 저칼로리 국민 간식의 비법 속으로 들어가보자.

국 민 간 식 1 저칼로리떡볶이

385.1kcal

재료 ☐ 떡볶이 1/2컵(70g) ☐ 곤약 1/2봉(125g) ☐ 구운 어묵 30g ☐ 토마토 2개(400g) ☐ 올리브오일 2작은술
☐ 설탕 · 간장 · 다진 마늘 1작은술씩 ☐ 물 5컵

❶ 곤약은 떡볶이 떡 길이와 비슷하게 썰고 어묵도 떡 길이에 맞춰 먹기 좋은 크기로 썬다.
❷ 냄비에 분량의 물을 넣고 끓어오르면 열십자를 낸 토마토를 넣고 30초 정도 데쳐
찬물에 헹궈 토마토 껍질을 벗긴 다음 믹서기에 갈아준다.
❸ 물을 계속 끓여 떡볶이 떡을 넣어 1분 정도 데친 후 곤약을 넣어 1분 정도 데친다.
❹ 팬에 오일과 다진 마늘을 넣고 30초 정도 볶다가 떡, 곤약, 어묵, 설탕, 간장 간 토마토를 모두 넣고 5분 정도 끓인다.

TALK TALK DIET

● 구운 어묵은 대형 마트에서 구입 가능합니다.

떡볶이, 피자, 국수, 짜장면 등 소위 국민 간식의 문제라면 칼로리가 높다는 것이다.
다이어트를 한다면 이러한 간식의 칼로리를 낮추는 것이 급선무.
곤약과 토마토가 들어간 저칼로리떡볶이와 또띠아에 치즈와 방울토마토를 올린 저칼로리샐러드피자를 소개한다.

국민간식 2 저칼로리샐러드피자

318.7kcal

재료 ☐ 또띠아피 20cm 1장 ☐ 올리고당 1큰술 ☐ 피자치즈 70g ☐ 방울토마토 4알 ☐ 베이비채소 1줌(10g)
베이비채소양념 ☐ 올리브오일 1작은술 ☐ 발사믹식초 1/2작은술

❶ 마른 팬에 또띠아피를 올려 약한 불에서 2분, 뒤집어서 1분 정도 굽는다.
❷ ①의 구운 또띠아피에 올리고당을 골고루 바르고 피자치즈를 뿌려 팬에 올린 후 팬의 뚜껑을 덮어
치즈가 익도록 약한 불에서 5분 정도 굽는다.
❸ 가위를 이용하여 ②를 먹기 좋은 크기로 등분한다.
❹ ③에 방울토마토를 반 갈라 올리고 양념에 버무린 베이비채소를 올려 완성한다.

다이어트를 하면서 유난히 야식이 그리울 때 먹으면 좋은 저칼로리곤약잔치국수다.
24kcal밖에 되지 않아 살찔 걱정 없이 한 끼를 때울 수 있다.
당근, 양파 등을 많이 넣어 포만감을 주는 것이 좋고 간은 약하게 한다.

국민간식 3 저칼로리곤약잔치국수

$$24kcal$$

재료 □ 실곤약 2/3봉(100g) □ 양파 1/10개(20g) □ 당근 1/10개(20g) □ 숙주 1/2줌(30g) □ 국간장 1작은술
국물재료 □ 물 4컵 □ 다시마 5×5cm 1장 □ 표고 2장

❶ 냄비에 국물재료를 넣고 보통 불로 10분 정도 끓인 후 다시마와 버섯은 체에 밭쳐 둔다.
❷ 끓는 물에 실곤약을 넣어 1분 정도 데친 다음 찬물에 헹궈 체에 밭쳐둔다.
❸ 양파, 당근, 다시마, 버섯은 모두 채 썰고 숙주는 길이 4cm 정도로 썬다.
❹ ①의 국물에 양파, 당근, 숙주, 버섯, 다시마를 모두 넣고 2분 정도 끓인 다음 국간장으로 간한다.
❺ 그릇에 데친 실곤약을 넣고 ④의 국물을 담아낸다.

TALK TALK DIET

● 실곤약은 100g당 12kcal밖에 되지 않아 다이어트를 할 때 당면이나 국수 대용으로 이용하면 좋습니다.

군이 다이어트를 하지 않아도 기름이 많아 선뜻 먹기가 꺼려지는 음식이 짜장면이다.
그런 짜장면의 칼로리를 200대로 쭉 내렸다면 과연 그 맛은 어떨까?
중식당 짜장면의 감칠맛을 그대로 간직한 저칼로리짜장면이 신선한 충격으로 다가올 것이다.

국 민 간 식 4 저 칼 로 리 짜 장 면

292.4kcal

재료 □ 실곤약 190g(1/2봉) □ 춘장 5큰술(75g) □ 감자 1/2개(100g) □ 양파 1/4개(50g) □ 양배추 1/25통(100g)
□ 설탕 · 정종 1작은술씩 □ 물 2컵 □ 녹말물 · 올리브오일 약간씩

❶ 감자와 양파, 양배추는 크기 1×1cm 크기로 썬다.
❷ 달군 팬에 오일 1큰술을 넣고 춘장을 3분 정도 보통 불에 볶아 덜어낸다.
❸ 팬 정리 후 오일 2작은술을 두르고 감자를 넣고 1분 정도 볶다가 양파와 양배추를 넣어 다시 1분 정도 볶는다.
여기에 ②의 춘장을 넣어 1분 정도 볶다가 설탕과 정종을 넣고 1분 정도 더 볶는다.
❹ ③에 물 2컵을 넣고 감자가 익을 때까지 끓이다 녹말물을 넣어 짜장의 농도를 조절한다.
끓는 물에 실곤약을 데쳐 그릇에 담고 끓인 짜장을 얹어낸다.

TALK TALK DIET

● 녹말물은 녹말 1큰술에 물 2큰술을 넣어 만듭니다.

4주 다이어트를 위한 식사일기

———

이제부터 나는 **4**주 동안 식사일기 쓰기에 도전합니다.
항상 무엇을 먹었는지 기록하고 반성하겠습니다.
그리고 그 성찰을 통하여
다이어트에 기필코 성공하겠습니다.

목표   4주에 _____kg을 빼겠습니다.

살이 찐 이유   1 _____
                2 _____
                3 _____
                4 _____
                5 _____

해야 할 일   1 _____
                2 _____
                3 _____
                4 _____
                5 _____

1주 다이어트 식사일기의 예

WEEK	MONDAY	TUESDAY	WEDNESDAY	THURSDAY	FRIDAY	SATURDAY	SUNDAY
DAYS	3월 2일	3월 3일	3월 4일	3월 5일	3월 6일	3월 7일	3월 8일
아침	호밀빵, 삶은 달걀, 저지방우유 그린샐러드	호밀빵, 삶은 달걀, 저지방우유 그린샐러드	호밀빵, 삶은 달걀, 저지방우유 그린샐러드	호밀빵, 삶은 달걀, 저지방우유 그린샐러드	호밀빵, 삶은 달걀, 저지방우유 그린샐러드	호밀빵, 삶은 달걀, 저지방우유 그린샐러드	호밀빵, 삶은 달걀, 저지방우유 그린샐러드
간식	사과 1개	깨떡 2개	바나나 1개	뻥튀기, 초코파이 1/2개	토마토 1개	귤 1개	배 2/1개
점심	현미밥, 황태미역국, 매콤두부 양념조림	산채비빔밥, 저염비빔 고추장	현미밥, 황태미역국, 매콤두부 양념조림	산채비빔밥, 저염비빔 고추장	현미밥, 황태미역국, 매콤두부 양념조림	산채비빔밥, 저염비빔 고추장	현미밥, 황태미역국, 매콤두부 양념조림
간식	커피 1잔, 조각케이크 1/2개	커피 1잔, 팥빵 1/2개	커피 1잔	커피 1잔, 떡볶이 아주 조금	커피 1잔	커피 1잔	커피 1잔, 도넛 1/2개
저녁	연근영양밥, 저염양념 간장	현미밥, 저칼로리 육개장, 브로콜리 초회	연근영양밥, 저염양념 간장	현미밥, 저칼로리 육개장, 브로콜리 초회	연근영양밥, 저염양념 간장	현미밥, 저칼로리 육개장, 브로콜리 초회	연근영양밥, 저염양념 간장
간식				바나나 1/2개			
오늘의 반성	커피를 마실 때 빵 한 조각이라도 곁으면 허전한 이유.. 알고 싶다.....	육개장 한냄비 만들어놓고 하루 건너 먹기	황태미역국이 조금 짰다. 그래서 식욕이 더 난 것 같다... 싱겁게... 싱겁게!	이러고저 다이어트를 한다고 말할 수 있나? 오늘 너...... 너무 먹었다.	변비가 없어야 다이어트가 잘 된다. 매일 과일 1개 씩은 꼭 먹자.	오늘 신문 기사에 달걀이 다이어트에 좋다고. 꾸준히 먹어야겠다.	0.5킬로 감량 성공!!! 이대로 쭉 전진!!!

☑ 모두 적었다면 당질류나 고기류, 인스턴트 등 주재료가 너무 한 가지로 한정이 되지는 않는지 체크해본다.

☑ 곡류군(당질), 어육류군(단백질), 채소군(비타민 무기질), 지방군(지방), 우유군(단백질),
과일군(비타민 무기질)의 6가지 영양소를 골고루 섭취했는지 체크해본다.

☑ 튀김이나 볶음 등 조리법이 한정되어 있는지 체크해본다.

WEEK	MONDAY	TUESDAY	WEDNESDAY	THURSDAY	FRIDAY	SATURDAY	SUNDAY
DAYS							
아침							
간식							
점심							
간식							
저녁							
간식							
오늘의 반성							

2주 다이어트 식사일기

WEEK	MONDAY	TUESDAY	WEDNESDAY	THURSDAY	FRIDAY	SATURDAY	SUNDAY
DAYS							
아침							
간식							
점심							
간식							
저녁							
간식							
오늘의 반성							

3주 다이어트 식사일기

WEEK	MONDAY	TUESDAY	WEDNESDAY	THURSDAY	FRIDAY	SATURDAY	SUNDAY
DAYS							
아침							
간식							
점심							
간식							
저녁							
간식							
오늘의 반성							

4주 다이어트 식사일기

WEEK	MONDAY	TUESDAY	WEDNESDAY	THURSDAY	FRIDAY	SATURDAY	SUNDAY
DAYS							
아침							
간식							
점심							
간식							
저녁							
간식							
오늘의 반성							

개정판

현직 비만클리닉 영양사의 음식 처방
라인 살리는 저칼로리
4주 다이어트 식단

1판 1쇄 발행	2016년 5월 20일
2판 1쇄 발행	2017년 4월 20일
2판 2쇄 발행	2018년 11월 20일

지은이	김선영, 임세희
펴낸이	김명희
편집부장	이정은
기획 · 진행	강혜경
사진	frame studio
스타일링	최지은
본문 디자인	design:SOOP [디자인:숲]
펴낸곳	다봄
등록	2011년 1월 15일 제395-2011-000104호
주소	경기도 고양시 덕양구 고양대로 1384번길 35
전화	031-959-3073 **팩스** 02-393-3858
전자우편	dabombook@hanmail.net

ⓒ 2016, 2017 김선영 임세희
ISBN 979-11-85018-42-3 13590

이 도서의 국립중앙도서관 출판시도서목록(CIP)은 서지정보유통지원시스템 홈페이지(http://seoji.nl.go.kr)와
국가자료공동목록시스템(http://www.nl.go.kr/kolisnet)에서 이용하실 수 있습니다.(CIP제어번호 : CIP2017007697)

4   주
다이어트
식단표

그들이 말하는
가장 아름다운 다이어트

자신을 사랑하라는 이야기를
하고 싶어요. 누군가 네 몸은
몇 점이냐고 묻는다면 자신
있게 만점이라고 대답하세요.
그때부터 우리 몸은 달라지기
시작하니까요.

한혜진(모델)

내 아름다움의 비밀은
브로콜리예요. 아름다워지고
싶다면 거창한 다이어트
계획보다 매일 브로콜리를 삶아
먹는 과제부터 실천하세요.

강수진(무용가)

아침에는 저열량 곡물빵과 커피,
점심은 샐러드 위주로 섭취하는
것이 제 몸매 비결입니다. 하루에
한 끼는 한식을 먹으려고 하고
저녁에는 양을 반의반으로 줄이죠.

혜박(모델)

다이어트 프로젝트를 하면서
복잡하고 어려운 운동을 할 필요가
전혀 없어요. 굶을 필요도 없고요.
그래야만 포기하지 않아요.
무리하게 굶거나 자신에게 맞지
않는, 과격한 운동을 하면 포기할
확률이 높아지죠.

이승윤(개그맨)